生命理工系のための
# 大学院基礎講座
## ――有機化学

湯浅英哉／編

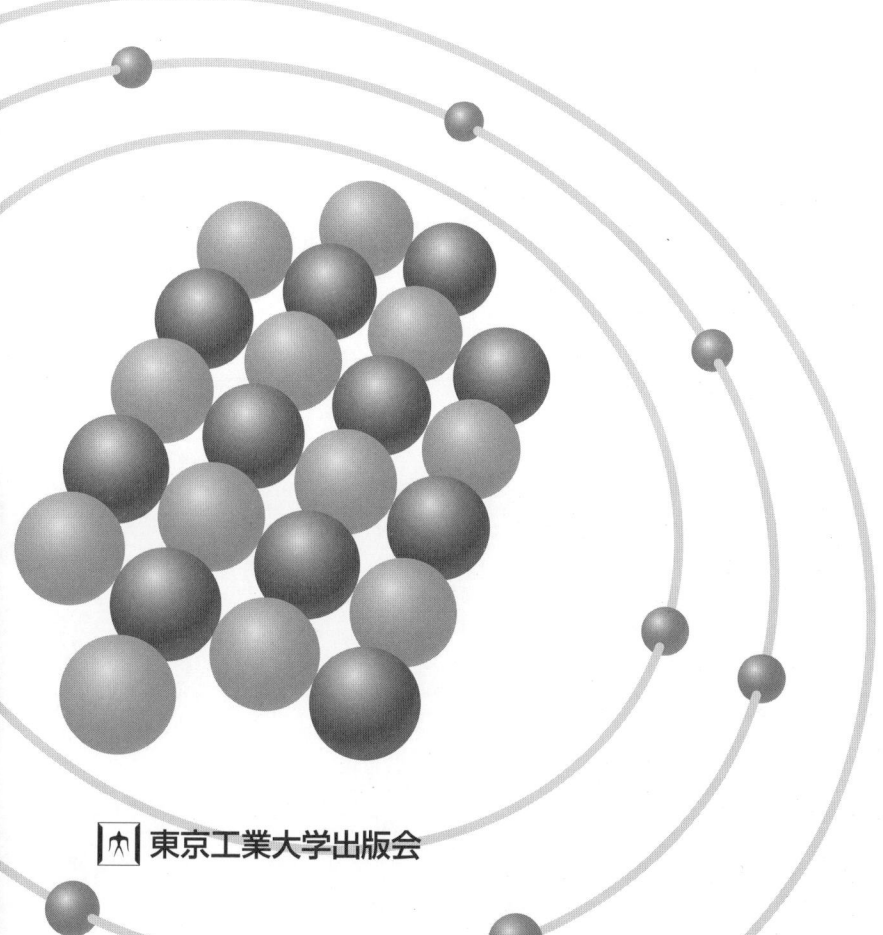

東京工業大学出版会

# 執筆者一覧　(五十音順，＊は編者，かっこ内は担当章)

| | | | |
|---|---|---|---|
| 占部　弘和 | 東京工業大学大学院生命理工学研究科 | 生体分子機能工学専攻(4) |
| 北爪　智哉 | 東京工業大学大学院生命理工学研究科 | 生物プロセス専攻(8) |
| 小林　雄一 | 東京工業大学大学院生命理工学研究科 | 生体分子機能工学専攻(2) |
| 清尾　康志 | 東京工業大学大学院生命理工学研究科 | 分子生命科学専攻(7) |
| 関根　光雄 | 東京工業大学大学院生命理工学研究科 | 分子生命科学専攻(9) |
| 秦　　猛志 | 東京工業大学大学院生命理工学研究科 | 生体分子機能工学専攻(4) |
| 松田　知子 | 東京工業大学大学院生命理工学研究科 | 生物プロセス専攻(5) |
| 三原　久和 | 東京工業大学大学院生命理工学研究科 | 生物プロセス専攻(3) |
| 森　　俊明 | 東京工業大学大学院生命理工学研究科 | 生体分子機能工学専攻(6) |
| ＊湯浅　英哉 | 東京工業大学大学院生命理工学研究科 | 分子生命科学専攻(序，1) |

# まえがき

　東京工業大学の「組織的な大学院教育改革推進プログラム（大学院 GP）―国際的な理工系バイオリーダーの育成」では，社会から強く求められているすぐれた理工系バイオ人材の輩出を目的とし，一定基準以上の基礎知識・技術，国際性，創造性，問題解決能力などを習得するための大学院カリキュラムを編成している．その中で，基礎化学を学部教育とは違った切り口で教えるために，大学院物理化学，大学院有機化学，大学院生物化学の講義を行っている．これら 3 つの講義では，それぞれ教科書の刊行を予定しているが，その第 1 弾として本書「生命理工系のための大学院基礎講座―有機化学」を上梓する．

　東京工業大学に対しては，化学系企業ばかりでなくバイオ系企業からも，「化学の基礎をしっかり身につけた修士を輩出して欲しい」という要望が多く寄せられており，本 GP ではこの要望に応える取組みを行っている．序章でも詳しく述べるが，有機化学は生命科学を深く理解するために必須の学問である．さらに，バイオ系企業などにおける製品開発の現場で，創造力の原点となる実学でもある．したがって，バイオ系大学院生においても，有機化学の基礎的知識の習得は非常に重要である．しかし，中には大学で有機化学を習得していない学生もいる．筆者らは，このようなバイオ系における初学者にいかに大学院レベルの有機化学を教えるかという観点で，本書を企画・執筆した．一方，大学ですでに有機化学を学んできた人には，さらに一段階上の有機化学をめざしてもらいたい．

　初学者と上級者を同時に教えなければならないというジレンマを抱えつつ，本 GP 有機化学小委員会では，有機化学のすべての範囲をカバーするという有機化学教科書の常識を大胆に切り捨て，生命科学に関連するテーマに絞って解説を行うことにした．そのうえで，有機化学全般に共通する原理については折に触れて詳しく解説し，テーマを絞ったことによる消化不良の解消をはかった．本書では，有機化学の中でも生命科学に関連する 9 つのテーマに絞り，それぞれを専門分野とする 10 人が執筆を担当した．その結果，今までにない非常に個性的な有機化学の教科書ができあがったものと自負している．

　本書は，序章と第 1～10 章で構成されている．各章の詳しい内容については序章

# まえがき

で解説するが，まず第1章においては高校化学の知識からスタートできるように，また各章では有機化学における共通原理が理解できるように，それぞれ工夫が施されている．第1章では求核置換反応，第2章ではカルボニル化合物の化学，第3章ではアミド結合形成法とタンパク質修飾法，第4章では芳香族化合物の構造と反応性，第5章では酸化還元反応，第6章ではアミン類の反応，第7章では脱離反応，第8章ではフッ素化合物の性質と反応，第9章ではリン酸の化学について，それぞれ解説する．

本書は，バイオ系大学院生を対象としてテーマを絞って有機化学の基礎から応用を解説する教科書だが，これからバイオ系の大学院をめざそうとする大学生や，生命系の有機化学を学習しようとする社会人の方々にも利用していただけたら幸いである．

最後に，本書の刊行にあたり，日本学術振興会—組織的な大学院教育改革推進プログラムの支援に感謝する．また，(財)理工学振興会の支援，ならびに東京工業大学出版会の太田一平氏の多大なご尽力に感謝する．

2011年3月

東京工業大学大学院生命理工学研究科

湯浅　英哉

# 目　次

まえがき ………………………………………………………………… v

## ■ 序章　大学院でバイオ系の有機化学を勉強する方々へ ……………… 1

## ■ 1　求核置換反応の化学——糖化学への展開 …………………………… 5
- 1.1　バイオに関連する求核置換反応 ………………………………………… 6
- 1.2　共有結合の復習 …………………………………………………………… 7
- 1.3　求核置換反応における電子の流れ ……………………………………… 8
- 1.4　分子どうしの衝突と求核置換反応 …………………………………… 10
- 1.5　反応エネルギー図 ……………………………………………………… 11
- 1.6　脱　離　能 ……………………………………………………………… 13
- 1.7　求　核　性 ……………………………………………………………… 15
- 1.8　溶　媒　効　果 ………………………………………………………… 18
- 1.9　立　体　障　害 ………………………………………………………… 19
- 1.10　置換基の超共役 ………………………………………………………… 20
- 1.11　置換基の共鳴効果 ……………………………………………………… 21
- 1.12　置換基の隣接基関与 …………………………………………………… 23
- 1.13　実例から学ぶ求核置換反応 …………………………………………… 25
  - 1.13.1　C-H 結合形成 ……………………………………………………… 25
  - 1.13.2　C-C 結合形成 ……………………………………………………… 26
  - 1.13.3　C-O 結合形成 ……………………………………………………… 27
  - 1.13.4　C-N 結合形成 ……………………………………………………… 27

## ■ 2　カルボニル化合物の合成と反応——天然物化学への展開 ……… 31
- 2.1　カルボニル化合物の合成 ……………………………………………… 31
  - 2.1.1　アルコールの酸化 ………………………………………………… 31
  - 2.1.2　カルボン酸誘導体からケトンへの変換 ………………………… 32
  - 2.1.3　カルボン酸誘導体からのアルデヒドへの変換 ………………… 33
- 2.2　カルボン酸の活性化 …………………………………………………… 34

- 2.3 エノラートの調製と p$K_a$ 値 ･････････････････････････････････････ 35
- 2.4 エノラートの調製とアルドール反応, アルキル化反応 ････････････････ 36
  - 2.4.1 リチウムエノラートの調製 ･････････････････････････････････ 37
  - 2.4.2 ホウ素エノラートの調製 ･･･････････････････････････････････ 37
  - 2.4.3 エノラートのアルキル化 ･･･････････････････････････････････ 38
  - 2.4.4 エノラートのアルドール反応 ･･･････････････････････････････ 40
  - 2.4.5 エノラート生成時の速度論的支配と熱力学的支配 ･････････････ 41
  - 2.4.6 エノンのγ位での置換 ････････････････････････････････････ 43
- 2.5 α, β-不飽和カルボニル化合物（エノン）を利用する位置選択的エノラートの調製と反応 ･･･････････････････････････ 44
  - 2.5.1 エノンの還元的アルキル化 ････････････････････････････････ 44
  - 2.5.2 エノンの1,4-不可反応を利用するエノラートの生成と反応 ･･････ 45
- 2.6 カルボニル化合物への付加反応 ････････････････････････････････ 45
- 2.7 Wittig 反応 ･････････････････････････････････････････････････ 48

# 3 カルボン酸の活性化――ペプチド化学への展開 ････････････････････ 53

- 3.1 カルボン酸の活性化とペプチド結合形成反応 ･････････････････････ 53
  - 3.1.1 酸無水物法 ･････････････････････････････････････････････ 53
  - 3.1.2 活性エステル法 ･････････････････････････････････････････ 55
  - 3.1.3 アジド法 ･･･････････････････････････････････････････････ 57
  - 3.1.4 カルボジイミド法 ･･･････････････････････････････････････ 57
  - 3.1.5 アミノ酸のラセミ化 ･････････････････････････････････････ 58
  - 3.1.6 その他の高性能縮合試薬 ･････････････････････････････････ 59
- 3.2 ペプチド合成の実際 ･･････････････････････････････････････････ 60
  - 3.2.1 固相法 ･････････････････････････････････････････････････ 60
  - 3.2.2 液相法 ･････････････････････････････････････････････････ 64
- 3.3 タンパク質の化学修飾 ･･･････････････････････････････････････ 65
  - 3.3.1 蛍光標識 ･･･････････････････････････････････････････････ 65
  - 3.3.2 二価官能性リンカー ･････････････････････････････････････ 66

# 4 芳香族化合物――医薬品化学への展開 ･･･････････････････････････ 67

- 4.1 命名 ･･･････････････････････････････････････････････････････ 68
- 4.2 構造的特徴 ････････････････････････････････････････････････ 69
- 4.3 反応と合成 ････････････････････････････････････････････････ 70
  - 4.3.1 芳香族化合物から芳香族化合物へ ･･････････････････････････ 71
    - A. π結合部分での反応 ････････････････････････････････････ 71
    - B. σ結合部分での反応 ････････････････････････････････････ 76

  4.3.2　脂肪族化合物から芳香族化合物へ ························· 84
   A.　芳香化反応 ·············································· 84
   B.　Reppe 反応 ············································· 85
   C.　オレフィンメタセシス ······································ 87
   D.　ヘテロ芳香族化合物の合成 ································· 87
  4.3.3　芳香族化合物から脂肪族化合物へ ························· 88
   A.　還　　　元 ·············································· 88
   B.　酸　　　化 ·············································· 89
   C.　求核付加反応 ············································ 89
   D.　Claisen 転位，thia-Sommelet 転位 ·························· 90
   E.　Diels-Alder 反応 ········································· 90
   F.　ヘテロ環化合物の反応 ····································· 90

# 5　酸化還元反応──酵素化学への展開 ································ 91

 5.1　化学試薬によるカルボニル化合物の官能基選択的還元 ················ 91
 5.2　化学試薬によるカルボニル化合物の位置選択的還元 ·················· 92
 5.3　化学試薬によるカルボニル化合物の立体選択的還元 ·················· 93
 5.4　均一系触媒による不斉還元反応 ···································· 93
 5.5　不均一系触媒による不斉還元反応 ·································· 95
 5.6　化学試薬によるアルコールの酸化反応 ······························ 96
 5.7　化学試薬によるオレフィンの不斉エポキシ化反応 ···················· 98
 5.8　不斉増幅現象 ·················································· 98
 5.9　酵素を用いるカルボニル化合物の還元およびアルコール酸化反応 ······ 100
 5.10　酵素を用いる酸化還元反応の立体選択性 ··························· 102
 5.11　酵素を用いるさまざまな酸化還元反応 ····························· 104
 5.12　酵素を用いる酸化還元反応によるデラセミ化反応 ··················· 106
 5.13　加水分解酵素による有機合成反応 ································· 106

# 6　アミンの合成と反応性──バイオ複合体への展開 ················· 111

 6.1　アミンの調製法 ················································ 111
  6.1.1　ニトロ基の還元 ········································· 111
  6.1.2　アルキル化による合成 ··································· 111
  6.1.3　ニトリル還元による合成 ································· 112
  6.1.4　アジドの還元による合成 ································· 112
  6.1.5　Gabriel 合成 ··········································· 112
  6.1.6　還元的アミノ化による合成 ······························· 113
  6.1.7　イソシアナートによる合成 ······························· 114

|       6.1.8 Hofmann 転位による合成 ································· 114
|       6.1.9 カルボン酸アミドからの合成 ······························ 114
|   6.2 アミンの反応性 ··················································· 115
|       6.2.1 Hofmann 脱離 ·············································· 115
|       6.2.2 Mannich 反応 ·············································· 115
|       6.2.3 芳香族ニトロ化合物の還元によるジアゾニウム塩への変換 ····· 115
|       6.2.4 ニトロソ化反応 ············································ 116
|   6.3 バイオ複合体調製手法への適用 ···································· 116
|       6.3.1 クリックケミストリー ······································ 116
|       6.3.2 Shiff 塩基 ················································ 117

# 7 脱離反応──生体分子への展開 ············································ 119

  7.1 脱 離 反 応 ························································· 119
      7.1.1 脱離反応の種類とアルケンの安定性 ························· 119
      7.1.2 二分子脱離 (E2) 反応 ········································ 120
          A. E2 反応の立体化学──アンチ脱離 ························· 120
          B. 脱離基 X の種類 ········································· 122
          C. 塩基の種類 ············································· 123
      7.1.3 一分子脱離 (E1) 反応 ········································ 124
          A. E1 反応の基本的特徴 ····································· 124
          B. 1 反応の具体例 ········································· 125
      7.1.4 E1cB 反応の特徴と具体例 ····································· 126
  7.2 脱離反応を利用して除去する保護基と生体分子の化学合成への応用 ···· 128
      7.2.1 生体分子の化学合成に用いられる保護基の例 ················· 128
      7.2.2 いろいろなアルコキシカルボニル型保護基 ··················· 130
          A. ベンジルオキシカルボニル (Cbz) 基 ······················· 130
          B. 2,2,2-トリクロロエトキシカルボニル基 (Troc) 基 ·········· 130
          C. 2-トリメチルシリルエトキシカルボニル (Teoc) 基 ·········· 131
          D. アリルオキシカルボニル (Aloc) 基 ························ 131
          E. 2-(4-ニトロフェニル)エトキシカルボニル (Npeoc) 基と
             2-シアノエトキシカルボニル (Ceoc) 基 ··················· 131
          F. 2-(2-ニトロフェニル)エトキシカルボニル基と
             2-ニトロベンジルオキシカルボニル基 ····················· 132

# 8 フッ素科学──人工生理活性物質への展開 ································ 135

  8.1 等電性とエノール型 ················································ 137
  8.2 極 性 効 果 ························································· 137

| | | |
|---|---|---|
| 8.3 | 水素結合能力 | 140 |
| 8.4 | リチウムとフッ素原子間のキレートに基づく立体制御 | 141 |
| 8.5 | ラジカル機構を経る立体制御 | 142 |
| 8.6 | 転位反応を利用する立体制御法 | 143 |
| 8.7 | フッ素系物質の一般的な合成法 | 144 |
| 8.8 | フッ素系物質の環境化学 | 146 |
| 8.8.1 | C-F 結合分解菌の探索 | 146 |
| 8.8.2 | 含フッ素有機化合物の分解例 | 147 |
| 8.8.3 | C-F 結合分解菌のスクリーニング | 147 |
| 8.9 | 医農薬品への展開 | 149 |
| 8.9.1 | 生理活性発現の機構 | 150 |
| 8.9.2 | 自殺基質型酵素阻害 | 151 |
| 8.9.3 | イソスター | 152 |
| 8.10 | 農　　薬 | 153 |
| 8.11 | 液　　晶 | 154 |
| 8.12 | 撥水撥油性 | 154 |
| 8.13 | レジスト材料 | 155 |
| 8.14 | フッ素ゴム | 156 |

## 9　リン酸化学——核酸化学への展開　157

| | | |
|---|---|---|
| 9.1 | リン酸誘導体の化学的性質 | 157 |
| 9.2 | リン酸化反応 | 161 |
| 9.2.1 | モノエステル合成のためのリン酸化反応 | 161 |
| 9.2.2 | ジエステル合成のためのリン酸化反応 | 163 |
| 9.2.3 | トリエステル合成のためのリン酸化反応 | 164 |
| 9.3 | DNA の合成 | 165 |
| 9.4 | RNA の合成 | 166 |
| 9.5 | ポリリン酸化反応 | 166 |

## 10　演習問題と解答　169

| | |
|---|---|
| 演　習　問　題 | 169 |
| 解　　　答 | 175 |

| | |
|---|---|
| 参　考　書 | 185 |
| 索　　引 | 189 |

# 序章　大学院でバイオ系の有機化学を勉強する方々へ
　　　（本書の特徴と使い方）

　生命現象を支配する物質の多くは有機化合物である．多くの生物学の教科書などで記号論的な扱いを受けているDNAやタンパク質も，実は巨大な有機化合物であり，有機化合物どうしの相互作用が生命現象を起こしている．したがって，生命現象を深く理解するためには有機化学の知識が必須である．有機化学は，有機合成を行う研究者のみに必要な学問であると考えている人が多いが，それは大きな誤りである．確かに有機化学では，多くの有機反応を学び，それらは有機合成において非常に役にたつ．しかし，これらの有機反応は，生体の中でもひっきりなしに起こっている現象なのである．体の中では，タンパク質，核酸，糖，補酵素，ホルモン，神経伝達物質などの有機化合物が毎日無数に合成され，また分解されている．さらに，これらの有機化合物の一部を切ったりくっつけたりすること自身が，生体内情報伝達手段の1つとして用いられており，生命の動的機能にも広く関与している．そして，もう1つ付け加えなければいけないのは，有機化学を勉強することは有機反応を勉強するという以上に，原子とそれを構成する電子の性質を勉強することでもあるという点である．このような性質を学ぶことは，有機化学反応ばかりでなく，水素結合，疎水性相互作用，静電相互作用など，生命現象を支配する多くの相互作用を理解するのにも非常に役だつのである．

　生命が利用する有機反応は非常に複雑な過程を経る場合が多く，基礎有機化学理解のための学習材料としては不適切である．基礎有機化学を習得するには，有機合成化学に利用される基礎反応を理解するのがいちばんの早道である．この有機化学学習における方法論は，有機化学の学問としての長い歴史の中で培われた王道ともいえるものであり，たとえ生物学を専門とする学習者が対象であっても，有機化学を理解するためのいちばんの早道なのである．生物が専門だから有機合成を勉強するのは関係ないとは考えず，是非少しだけ有機合成化学の勉強にお付き合いいただきたい．基礎有機反応をひととおり理解すれば，生命で応用される複雑な有機反応と相互作用をよりよく理解できるはずである．

　ここまでの説明で，バイオ系の大学院で有機化学を勉強することの意義を述べてきたが，有機化学をたいへんむずかしい学問のように感じている人も大勢いると思われる．その原因は，分厚い教科書の中に無数に有機化合物と有機反応が描かれているか

序章　大学院でバイオ系の有機化学を勉強する方々へ

らではないだろうか．ここで有機合成を建築にたとえてみよう．材料が無数にあれば，できあがる家の見かけも無数になる．しかし，大工さんはそれを全部覚えているだろうか．もちろん，1個1個の家の作り方を覚えている必要はない．基礎となる技術があれば無数の種類の家を作ることができる．大工さんは，材料の性質，材料の加工法，材料どうしの結合法などを勉強していることだろう．有機反応は，木材を削って作ったほぞ（突起）と，ほぞ穴を組みあげる「ほぞ工法」にたとえることができる．つまり，有機化合物を電子レベルで削って，突起や穴を作ってそれらを組み上げ，化合物を作りあげる．「ほぞ工法」と違う点は，材料となる化合物分子およびそれを削るための道具である試薬分子を，人間が直接見たり触ったりできないことである．化合物と試薬をうまく組み合わせて，適度な環境におけば，これらは自然に反応して一度に$10^{20}$個以上もの生成物が得られる．これを可能とするのは，化合物や試薬の性質に関する知識であり，この知識は有機化学の勉強により獲得される．有機化学では，無数にある化合物や試薬の種類をその性質により分類し，未知の化合物や試薬の反応性を予測することを可能にする．したがって，有機化学の教科書は分子建築のバイブルといえる．

　ここで，もう少し詳しく有機化学反応と「ほぞ工法」を比較してみよう．有機化合物を電子レベルで削って「突起」や「穴」を作るとは，どういうことなのだろうか．たとえば，ヨウ化メチルとエタノールを水素化ナトリウムを試薬として反応させ，エチルメチルエーテルを合成する反応（メチル化）を考えよう（図1）．まずヨウ化メチルはヨウ素原子の電気吸引性のため，炭素上の電子密度が小さい．いわば電子雲の「穴」が開き

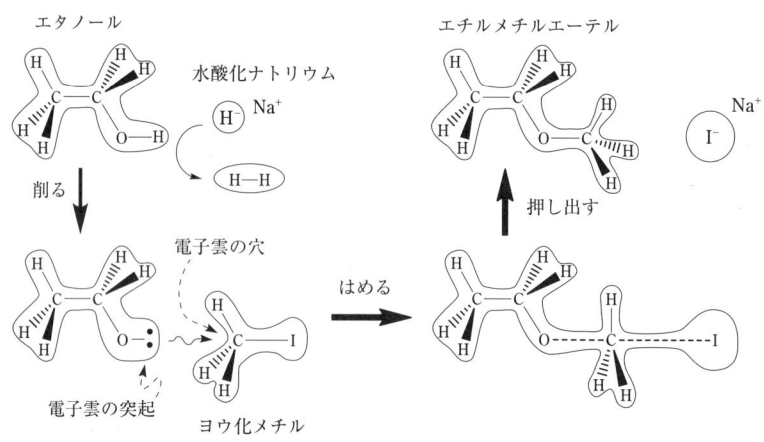

**図1**　ほぞ工法に似た有機合成：エタノールのメチル化を電子雲でイメージする．

かけている状態である．したがって，非常に電子密度の大きい「突起物」がくれば，むりやりその「穴」にはめ込むことができる．エタノールの酸素原子は孤立電子対をもっており，他の部分に比較して電子密度が大きいが，ヨウ化メチルの小さい「穴」に入り込めるほど強力ではない．そこで，水素化ナトリウムを加えるとこれが「鉋(かんな)」として働き，水素化物イオンの強力な負電荷によりアルコールのOH部分のプロトンを「削り」とり，アルコキシドイオンにする．OHについていた陽子(プラス電荷)をとったので，酸素原子上には非常に強い負電荷が残り，するどい電子の「突起物」となる．アルコキシドイオンがヨウ化メチルの電子雲の小さな「穴」にはめ込められ，その際，ヨウ素イオンが「押し」出され，エチルメチルエーテルが合成される．

　しかし，ここでいくつかの疑問が新たに生じる．なぜ，水素化ナトリウムは$CH_3CH_2OH$のうち，OHのプロトンだけを削りとれるのか．なぜ，水素化ナトリウムの水素化物イオンがヨウ化メチルの「穴」にはまり込まないのか．なぜ，「押し」出されたヨウ素イオンは再びエチルメチルエーテルにもあると思われる小さな「穴」にはまり込まないのか．なぜ，化合物と試薬を混ぜるだけで上記一連の反応が起こるのか．これらの疑問に答えられるようになれば，有機合成における材料と道具を使いこなせるようになる．化合物や試薬は見ることも触ることもできないが，あたかも見て触っているように，頭の中で電子雲やエネルギーのイメージをもてるようになれば，有機合成の名職人にあと一歩というところまで近づくことができる．また，生体現象を電子レベルで考えることができるようになり，今までより深い生物学の理解につながる．

　本書は，バイオ系の大学院生を対象とし，有機化学をかじったことはあるが，生物学の深い理解のために有機化学をいかしたい人，または有機合成化学の知識と理解力を向上させたい人を対象とする．有機化学すべての領域を網羅するものではないが，バイオ系において重要と思われる幾種類かの反応とトピックに焦点を絞り，これらを勉強するなかで，有機化学全体で普遍的に重要な基本原理を学んでほしい．上記のように，有機化学の効率的学習のために，有機合成化学に用いられる有機反応を中心に解説を行う．

　第1章では，糖化合物の合成・生合成において重要な反応である求核置換反応について解説する．とくに，脱離能・イオンの安定性・共役酸の酸性度の相関性を勉強し，有機化学全般の理解の鍵となる酸・塩基の概念をしっかり身につけていただきたい．

　第2章では，有機化合物の生合成・化学合成の両方で中心的な位置を占めるC-C結合形成において，最も頻繁に利用されるカルボニル化合物について解説する．アルコール⇄ケトン⇄カルボン酸⇄エステルの相互変換，カルボニル化合物の求核・求電子性とそのC-C結合への展開について，化学合成の例をあげて説明するが，生体内

の反応でも重要な概念となるので，しっかり学んでほしい．

　第3章では，生体機能の中で中心的役割を果たすタンパク質を形成するアミド結合形成法とタンパク質修飾法について解説する．これらは，生命科学において実践的な知識となるので，とくにタンパク質を扱うバイオ系学生はしっかり勉強してほしい．

　第4章では，医薬品類に頻繁に見受けられる芳香族化合物の構造と反応性について解説する．芳香族化合物は求電子置換反応など，脂肪族とは異なる特有の反応性を示す．これらの反応性を学習することで，タンパク質や核酸にも含まれる芳香族化合物の電子状態などを理解する助けとなる．

　第5章では，生体内の代謝過程で中心的な役割を果たす酸化還元反応について解説する．化学試薬を用いる酸化還元法のみならず，酵素を触媒として用いる酸化還元についても説明する．また，バイオ系研究者にとってもとくにその理解が重要である光学活性化合物について，詳しく述べる．

　第6章では，生体物質どうし，あるいは生体物質と人工物質を共有結合でつないだバイオ複合体の合成で，最も頻繁に使用されるアミン類の反応について解説する．窒素原子は，水素原子，炭素原子，酸素原子に次いで4番めに生体内に多く含まれ，他の原子にない特有の性質をもつ．アミンの合成や反応を学習することで，これら特有の性質を把握することを目標にしてほしい．

　第7章では，生体分子の分解過程などにかかわる脱離反応について解説する．E1反応，E2反応，E1cB反応などの基本的な脱離反応の反応機構を，電子の流れや立体選択性を含めて確実に理解していただきたい．また，生体分子合成において重要な，脱離反応を利用して除去される「保護基」についても解説している．保護基を使うだけではなく，保護基の仕組みについて理解できるようになることも期待している．

　第8章では，生体分子と相互作用する人工生理活性物質として利用されることが多いフッ素化合物の性質と反応について解説している．分子にフッ素原子が存在すると，その性質や反応性が通常の有機化合物と劇的に変化する．これらを学習することにより，生体物質と生理活性物質の相互作用に新しい視点をもてるようになりたい．

　第9章では，遺伝子物質の本体である核酸の中でも，基礎有機化学ではあまり勉強しないために理解不足が起こりがちな，リン酸の化学について解説する．核酸の合成を学習する目的もあるが，リン酸が遺伝情報を保存し伝達する物質の骨格の1つとして生命に利用されている理由など，より広い視野で学習してもらいたい．

　第10章では，本書による学習の総仕上げとして，演習問題に取り組んでいただきたい．有機化学における知識とは，記憶ではなく基本概念の習得であるということを，意識して取り組んでいただきたい．したがって，なるべく最初は解答を見ずに問題に挑戦してほしい．

# 1 求核置換反応の化学
## ——糖化学への展開

　序章で例にあげたエタノールのメチル化は求核置換反応に分類される．1つの材料（Nu：nucleophile，求核剤）ともう1つの材料（RL, R：alkyl，アルキル基，L：leaving group，脱離基）をくっつけるときに，材料 RL の穴に材料 Nu を差し込む，いわば「ほぞ工法」である（図 1.1）．このとき，Nu を RL にむりやりはめ込んで L を押し出すやり方（$S_N2$）と，RL の L をあらかじめくり抜いておき，それに Nu をはめ込むやり方（$S_N1$）の 2 つがある．生体中でこの反応を利用する例は比較的少ない．それなのに，バイオ系の有機化学で，なぜこの反応を勉強する必要があるのか？　それは，この反応の原理を学ぶことによって，有機化学反応の基本原理の多くを学習することができるからである．その中でも最も重要なのは，酸塩基の理論であろう．そこで本章では，有機化学における酸塩基の理論の重要性を理解することを第一の目的として，求核置

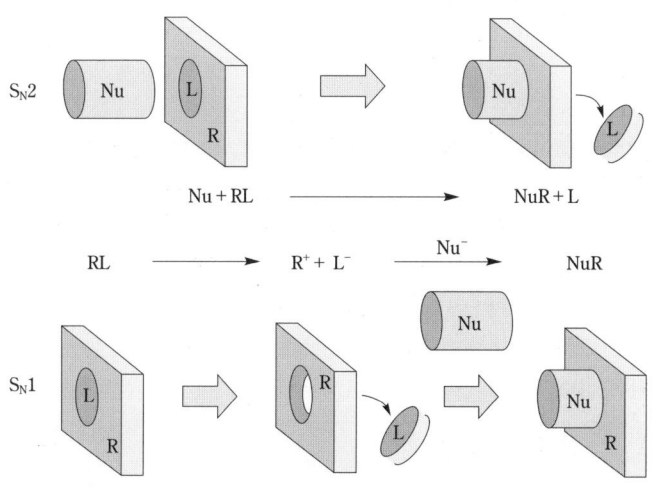

**図 1.1**　「ほぞ工法」としての求核置換反応．

換反応の解説を行う．バイオ系の有機化学という側面からは，糖化学を研究する際に，求核置換反応の知識が欠かせない．なぜなら，単糖から配糖体あるいはオリゴ糖・多糖を合成するためには，求核置換反応が必要だからである．

さて，ここでは求核置換反応を学習するのだが，2章以降に続く有機化学全般の学習の出発点でもある．本章は，大学教養の有機化学程度の知識でも本書を読み進むのに必要な，架け橋的な役割ももつことになる．そこで，有機化学を学習するうえで重要ないくつかの側面，つまり，電子の流れ，分子の衝突，反応エネルギー，分子軌道についても，解説を加えていく．

## 1.1 バイオに関連する求核置換反応

単糖から配糖体やオリゴ糖を合成する反応は，グリコシド化とよばれる．植物のセルロース，甲殻類のキチン，哺乳動物のグリコーゲンなどは，このグリコシド化により合成される．グリコシド化は生体の解毒機構にも利用されている（図1.2(a)）．毒性のある脂溶性有機化合物を水に溶かして排出させるために，水溶性の高いグルクロン酸を結合させるのである．アルコールに対して糖ヌクレオチドが反応して，配糖体が合成される．この反応は，糖転移酵素によって触媒される．ここで，ヌクレオチドは脱離基となる．また，糖の六員環の中にある酸素原子が，この反応に不可欠な要素の1つである．この原理については1.11節で解説する．

生化学を勉強していると，アルキル化によるDNAの損傷という一節を耳にするかもしれない．この反応により，選択的にがん細胞を攻撃する抗がん剤の開発も行われている．このアルキル化も求核置換反応である．例にあげたメチル化において，脱離基は硫酸エステルである（図1.2(b)）．なぜ硫酸基が脱離基になりやすいかに注目して，勉強してほしい．

酵素の活性中心近傍にあるアミノ酸を探るために，古典的にはアフィニティーラベルという手法が用いられてきた．この中でトシルフェニルアラニルクロロメチルケトン(TPCK)という化合物によるアフィニティーラベルは，求核置換反応を用いている（図1.2(c)）．TPCKは，芳香族アミノ酸を模した構造をもち，キモトリプシンという酵素（プロテアーゼ）のポケットに特異的に入り込み，活性中心近傍にあるヒスチジンを求核種として求核置換反応を起こし，ヒスチジンとの間で共有結合ができる．TPCK中の反応中心に隣接するカルボニル基が，アフィニティーラベル成功（求核置換反応の加速）の秘訣であるが，これについてはのちほど述べる(1.11節)．

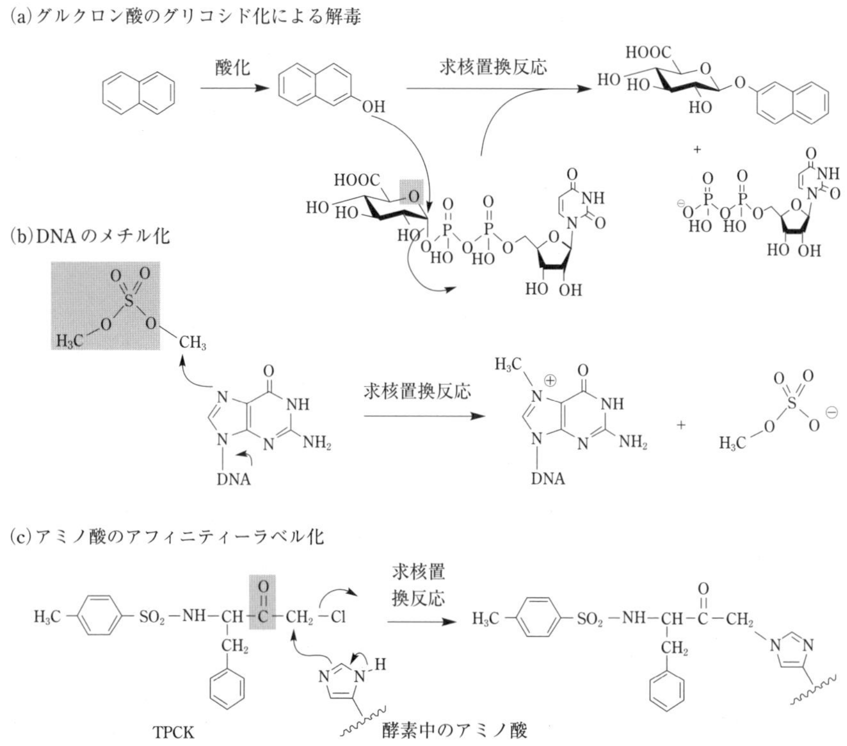
(a)グルクロン酸のグリコシド化による解毒
酸化
求核置換反応
OH
HOOC
HO
O
P
+
NH
(b)DNAのメチル化
$H_3C$
$CH_3$
N
NH
$NH_2$
DNA
求核置換反応
(c)アミノ酸のアフィニティーラベル化
$H_3C$
$SO_2$ −NH−CH−C−$CH_2$ −Cl
$CH_2$
求核置
換反応
H
TPCK
酵素中のアミノ酸

**図 1.2**　バイオ系で登場する求核置換反応の例.

## 1.2　共有結合の復習

原子は原子核(陽子＋中性子)とその周りにある電子雲からなる(図 1.3). 電子雲は層を作っており, 内側からK殻, L殻, M殻……とよばれる. K殻には2電子まで, L殻には8電子まで, ……と, 入ることができる電子の数が, 外側に行くほど増えていく. また, これらの電子数で満たされていない状態では, 普通は存在できない. つまり, ヘリウムとネオンなどの希ガスはそのまま原子として存在できるが, それ以外の原子のほとんどは, 不安定すぎて原子として存在できない. また, 反応に関与できる電子は, いちばん外側の殻にある電子(最外殻電子または価電子)だけである. 水素原子は1つ電子をもっているが, 最外殻はK殻であり, もう1つ電子が入って安定化される. 炭素(C), 窒素(N), 酸素原子(O)の最外殻はL殻であり, それぞれ, 4, 5, 6個の電子をもつ. L殻は8電子で安定化されるので, C, N, Oは, それぞれ4, 3,

# 1 求核置換反応の化学

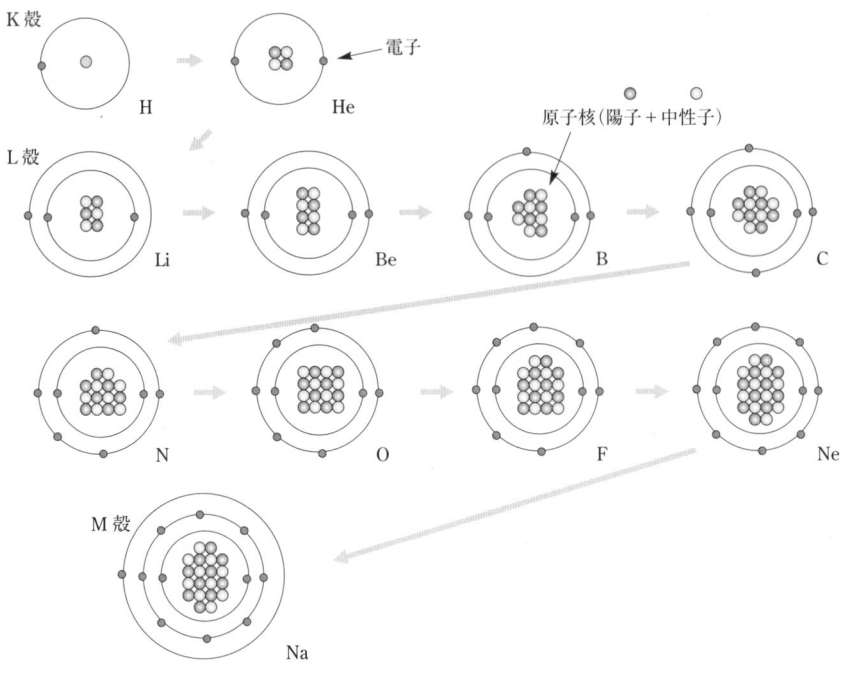

**図 1.3** 原子の構造の復習.

2個の電子が入って安定化される.そこで原子は,電子を出し合って共有結合を作ることによって安定化する.メタン($CH_4$),アンモニア($NH_3$),水($H_2O$),窒素($N_2$),酸素($O_2$)などは,構成原子が互いに電子を出し合って共有結合を作っている(図1.4).

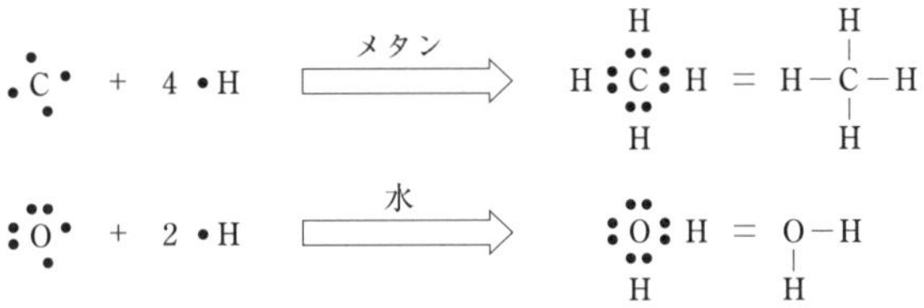

**図 1.4** 原子が価電子を出し合って分子を作る様子.

## 1.3 求核置換反応における電子の流れ

まず,脱離基(L)をもつ化合物 $R_3C\text{-}L$ の L をあらかじめくり抜いておき,それに

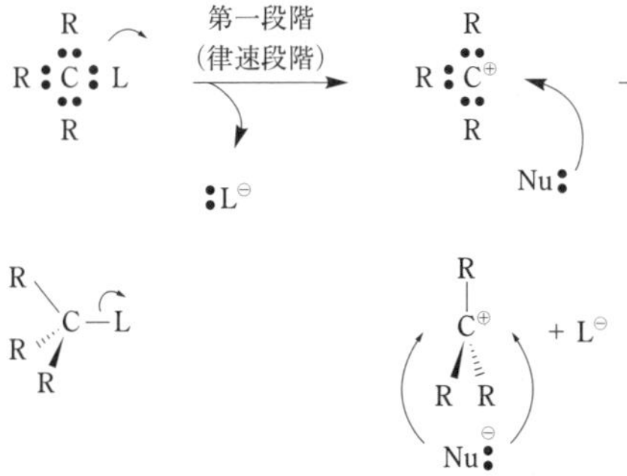

**図 1.5** $S_N1$ 型の反応における電子の流れ.

Nu をはめ込むやり方($S_N1$)の電子の流れを考えよう（図 1.5）．この反応の第一段階は C-L 結合の解裂であり，「$C:^- + L^+$」，「$C\cdot + \cdot L$」，「$C^+ + :L^-$」の 3 パターンの解裂様式がある．L を脱離基といった時点で「$C^+ + :L^-$」のパターンに一義的に決まるが，もし L が脱離基ではなく，水素原子や金属原子など C より電気陰性度の低い物の場合は，「$C:^- + L^+$」パターンの解裂が可能である．また結合解離エネルギーは，C-L 結合が「$C\cdot + \cdot L$」パターンで解裂するときに必要なエネルギーであり，結合解離エネルギーが小さい場合は，このラジカル機構で解裂する場合もある．脱離基は電子吸引性が強いので，C-L 結合中の 2 つの電子は L 側に偏っており，C-L 解裂するときは，L が電子 2 つをもっていく．

電子の流れを表現する決まりごとであるが，「$C^+ + :L^-$」解裂の際，C-L の共有結合に使われていた 2 つの電子が，結合の真ん中から L のほうに流れていったと考え，曲げた両矢印で電子の流れを描く．注意したいのは矢印の方向である．曲げた矢印は，「原子の動きではなく，電子の動きを表す」ことを，肝に銘じたい．たとえば，酸素原子のプロトン化はプロトンから孤立電子対に矢印が向かうのではなく，孤立電子対からプロトンに矢印が向かうように描くのである（図 1.6a）．また，両矢印（→）は「2 つの電子の動き」を表し（図 1.6b），「1 つの電子の動き」は片矢印（→）を用いて表すことにも，注意したい（図 1.6c）．

C-L が解裂し $C^+$ となったところ，ここはいわば電子雲の穴である．ここに，電子を豊富にもつ Nu がはまり込む．$R_3C^+$ は電子が 2 つ不足しているので，共有結合に

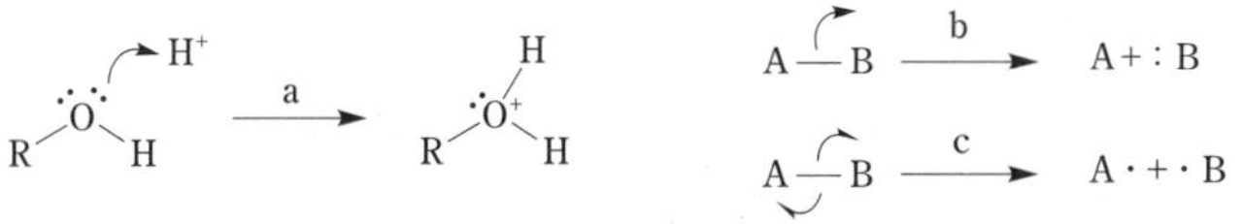

**図 1.6** 電子の流れを表す矢印の描き方.

使っていない電子を2つ以上もつものが求核剤(Nu:)となる．結合反応「Nu: + C$^+$ → Nu-C」により反応が完結する．これら一連の反応を電子の流れを示したものを図1.5上段に示したが，これを描くのはなかなか骨が折れる．そこで，共有結合の2つの電子を棒で表したものが図1.5下段である．この方法だと，描くのが容易なうえに化合物の立体化学も含めて表記できる．これによると，R$_3$C$^+$は平面構造をもち，Nuはこの平面の表裏どちらからも攻撃でき，生成する化合物も(R'が3つ違うものだと仮定すると)，2つの立体異性体の混合物(ラセミ体)となる．

次に，NuをR$_3$C-Lにむりやりはめ込んでLを押し出すやり方($S_N2$)を考える(図1.7)．Cの周りはすでに8個の電子で満たされているが，Nu:の2個の電子がむりやり割り込み，L:を押し出すイメージである．図1.7上段の描き方だとむりが過ぎる感じがあるが，下段の図だと，NuがC-Lの後ろ側から攻撃し，すんなりLと入れ替わるイメージももてる．またR$_3$C部分の構造が，遷移状態を経由してひっくり返る様子もイメージできる．$S_N1$ではラセミ混合物を生じるが，$S_N2$では立体反転が起こることが，これら2つの反応機構の最も顕著な違いである．以下の解説では，立体化学以外の両反応機構の相違にも着目したい．

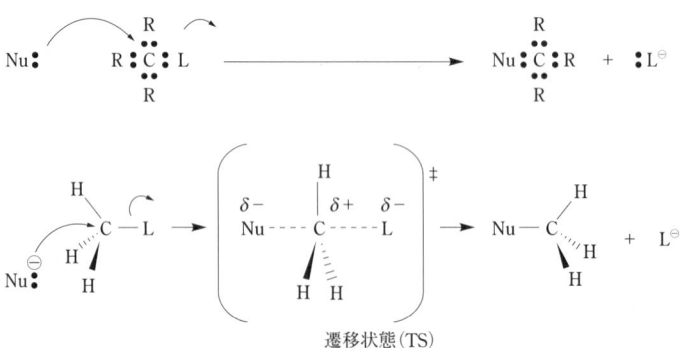

**図1.7** $S_N2$型の反応における電子の流れ．

## 1.4 分子どうしの衝突と求核置換反応

図1.7では，試薬がまるで意志をもって，化合物の穴めがけて攻撃を行っているように描いてある．しかし，この図は分子衝突の数ある場面を無視して，反応に成功した場面だけを取り上げている．実際には，NuがR'$_3$C-Lにぶつかる位置が悪く反応が進行しなかった場合，またNuのぶつかる力が弱くて反応しなかった場合もたくさん

あるはずである．成功例を増やす（反応速度を大きくする）には，どうしたらいいか．その1つは，単純に一定体積あたりの試薬または化合物の数（つまり濃度）を大きくして，分子どうしの衝突の頻度を上げてやればよい．$S_N2$ 反応では，$R_3C$-L と Nu の衝突頻度を上げるには，$R_3C$-L の濃度[$R_3C$-L]，Nu の濃度[Nu]どちらをあげてもよい．つまり反応速度

$$v = k[R_3C\text{-}L][Nu] \quad (k \text{ は速度定数}) \tag{1.1}$$

が成り立つ．$S_N2$ 反応の2は，2個の化学種が反応速度を決めるという意味である．

一方，$S_N1$ では1個の化学種が反応速度を決めている．反応速度は，

$$v = k[R_3C\text{-}L] \tag{1.2}$$

である．図1.5で，C-L が解裂する第一段階と Nu-C が形成される第二段階では，第二段階の反応速度が圧倒的に速いことが知られている．つまり，この反応全体の速度は，遅いほうの第一段階で決まる．このように，反応が複数の段階に分けて進行する場合，全体の反応を決める最も反応が遅い段階を律速段階とよぶ．この第一段階の反応では，C-L 結合の解裂を起こすためのエネルギーが必要であり，このエネルギーは分子どうしの衝突により得ている．したがって，分子どうしの衝突頻度が大きい（濃度が大きい）ほうが速度が大きくなるわけである．ちなみにこの反応を溶媒中で行った場合，分子 $R_3C$-L は溶媒との衝突によってもエネルギーを得ることができる．したがって，

$$v = k'[R_3C\text{-}L][溶媒] \tag{1.3}$$

とも書くことができるが，溶媒の濃度は非常に大きく，[$R_3C$-L]と比べると一定とみなせるので，$k = k'[溶媒]$と定数扱いすることにより，もとの1次式となる．

## 1.5 反応エネルギー図

これまで，求核置換反応を電子の流れ，分子の衝突という2つの側面から見てきた．有機化学反応を理解するうえで重要な側面がもう1つある．それはエネルギー的側面である．多くの場合，反応が起こるということはなんらかのエネルギーの山を超えるということであり，2つ以上の反応経路が可能な場合，低い山を選んで反応が起こる．こういった反応の位置選択生や立体選択性を考察する際に，反応エネルギーの概念が必須となる．

図1.8に $S_N1$ と $S_N2$ の反応エネルギー図を示す．横軸は反応の進行を示し，縦軸は系全体の相対エネルギーを表す．$S_N2$ 反応は，一段階反応なので山は1つである．山の頂上を遷移状態という．山の頂上までたどり着ければ後は転がり落ちるだけなので，山の頂上へ行くエネルギーが最低限必要なエネルギー（活性化エネルギー）となる．一

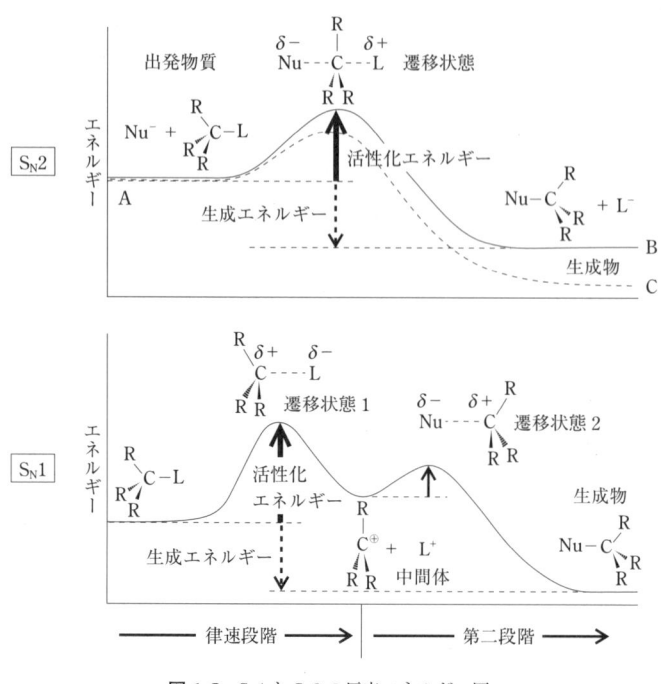

**図 1.8** $S_N1$ と $S_N2$ の反応エネルギー図.

方,出発点(出発物質類のエネルギーの総和)と到達点(生成物類のエネルギーの総和)の差は,生成エネルギーとよばれる.

　活性化エネルギーと生成エネルギーをどのように用いるのか.ここで,A → B + C という反応を考える.B と C が異性体であり,どちらが多く生成するかを議論するときに,B と C の安定性の差で議論する場合がある.たとえば,「C のほうが B より安定な構造をしているので,C のほうが多く生成する」という具合である.この議論は多くの場合,ほぼ正しい.しかし,注意深く議論する必要がある.A から B, C へ至る生成エネルギーがいずれも小さい場合,いったん生成した C から再び山を超えて A に戻ることもあれば,この A からまた山を超えて B ができたりして,けっきょくは,時間とともに一見 A, B, C の量比が一定に収束する場合がある.これを可逆反応または平衡反応という.この場合,生成量比は生成エネルギー比に比例する.つまり,生成比を B と C の安定性の差で議論することが正しい.

　注意しなければならないのは,不可逆反応の場合である.不可逆反応の場合,いったん B あるいは C が生成すると,これらが A に戻ることはない.また,B, C 間の相互変換もない.この場合,反応の速さを決めるのは活性化エネルギーであり,遷移

状態の安定性の比によりBとCの生成比が決まる．したがって，厳密には生成物であるBとCの安定性の差で生成比を議論することはできない．しかし，多くの場合「生成物と遷移状態の安定性は相関している」．つまり，生成物CのほうがBより安定であれば，生成物Cに至る遷移状態も，Bに至る遷移状態より安定な場合が圧倒的に多い．つまり生成物の安定性の比で生成比を予測できる．7.1.2項でとりあげるHofmann（ホフマン）則などの例外もある．

$S_N1$反応は二段階反応であり，脱離基（L）の脱離が律速段階である．これは，第一段階反応のエネルギーの山が第二段階反応の山より高いことによりよる．第一段階の遷移状態には求核剤（Nu）が含まれないため，反応の立体選択性は第二段階めの遷移状態エネルギーで決まる．しかし，律速段階のエネルギーより山が小さいので，立体選択性を出すことは容易でない．2つの山の谷間は中間体（カルボカチオン）のエネルギーを表す．

## 1.6 脱 離 能

前節で述べたように，生成物と遷移状態の安定性は相関しているので，生成物（$S_N1$の場合は中間体）がより安定なほど反応速度が大きいという議論が可能である．生成物（または中間体）の1つは脱離基のイオン（$L^-$）である．したがって，この$L^-$の安定性によって反応速度が変わることになる（図1.8参照）．$L^-$の安定性の尺度として便利なのが，共役酸（HL）の$pK_a$値である．$pK_a(=-\log K_a=[H^+][L^-]/[HL])$は，以下の平衡反応(1.4)式の平衡定数（$K_a$：酸解離定数）の対数にマイナスを掛けたものであり，この値が小さいほど平衡は右に傾き，$L^-$が安定であることを表す．

$$HL \rightleftarrows H^+ + L^- \tag{1.4}$$

(1.5)式のように，脱離基がプロトン化されて求核置換反応が起こる場合もあり，この場合の脱離能は，脱離した分子（LH）の共役酸（$LH_2^+$）の$pK_a$値を参考にする．

$$R\text{-}L + H^+ \rightarrow R\text{-}L^+\text{-}H \rightarrow R^+ + L\text{-}H \rightarrow Nu\text{-}R \tag{1.5}$$

おもな脱離基の共役酸の$pK_a$値を表1.1にまとめる．表の下に行くほど$pK_a$が大きくなり，脱離能が小さくなる．$pK_a$0より大きいものは脱離能をほとんど示さないので，脱離基とはいわず，むしろ塩基（B）であるが，参考のために収載してある．脱離能の違いを実験で調べると，必ずしも$pK_a$だけで議論はできない．たとえば，$CH_3CH_2X$の$EtO^-$による求核置換反応では，相対速度定数$k_{rel}$が0.0024（X＝F），1.0(Cl)，2.0(Br)，2.9(I)，3.6(OTs)となり，$pK_a$値から予想される脱離能（I＞Br＞Cl＞OTs）よりトシル基（OTs）の脱離能が大きくなっている．これらの違いは，おもに$pK_a$値が水中で測定されるのに対し，求核置換反応が有機溶媒中で行われていることに起因する．

# 1 求核置換反応の化学

表 1.1 脱離基の共役酸の p$K_a$ 値

| 脱離基(L)または塩基(B) | 共役酸(LH または BH) | p$K_a$ |
|---|---|---|
| $CF_3SO_3^-$ (TfO$^-$) | $CF_3SO_3H$ | $-13$ |
| $I^-$ | HI | $-10$ |
| $Br^-$ | HBr | $-9$ |
| $Cl^-$ | HCl | $-8$ |
| $CH_3COOH$ | $CH_3COOH_2^+$ | $-6$ |
| $p$-$CH_3C_6H_4SO_3^-$ (TsO$^-$) | $p$-$CH_3C_6H_4SO_3H$ | $-2.8$ |
| $CH_3SO_3^-$ (MsO$^-$) | $CH_3SO_3H$ | $-2$ |
| $ROH$ | $ROH_2^+$ | $-2$ |
| $F^-$ | HF | 3 |
| $CH_3COO^-$ | $CH_3COOH$ | 5 |
| $RO^-$ | $ROH$ | 15 |
| $NH_2^-$ | $NH_3$ | 36 |
| $H^-$ | $H_2$ | 38 |
| $CH_3^-$ | $CH_4$ | 49 |

脱離基($L^-$)の安定性は何に由来するのか．まず，マイナス電荷がより大きな体積中に分散されれば安定化する．イオン半径が大きいほど，マイナス電荷は分散される（分極率が大きい）ことになるので，$I^-$(2.2 Å)＞$Br^-$(2.0 Å)＞$Cl^-$(1.8 Å)という結果になる．また，スルホン酸イオン，MsO$^-$やTsO$^-$のように，共鳴構造をとる場合も電荷は分散される（図 1.9）．ここで，なぜ硫酸基が脱離基になりやすいかという疑問を 1.1 節で投げかけたことを思い出してほしい．硫酸は強酸性であり，これは図 1.9(R=OH)の共鳴構造により電荷が分散するからである．それゆえ硫酸基は強い脱離基となりうる．一方，$CF_3SO_3^-$が$CH_3SO_3^-$よりずっと安定なのは，強力な電子吸引基であるフッ素原子が電荷を引っ張って，その電荷を和らげているからである．

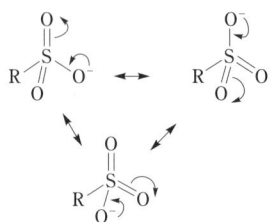

図 1.9 スルホン酸イオンの共鳴．

脱離能の効果を反応エネルギー図で表すと，図 1.10 のようになる．まず $S_N2$ の場合は，脱離基のイオン($L^-$)が安定化されると（つまり生成系が安定化されると），1.5 節で述べたように，「生成物と遷移状態の安定性は相関している」ので，遷移状態エネ

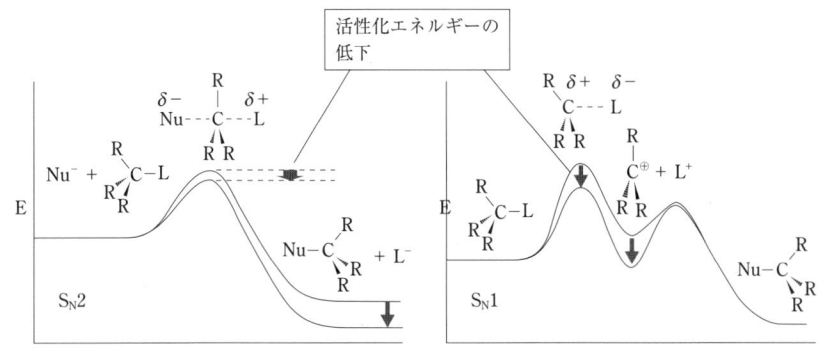

**図 1.10** 反応エネルギー図で見た脱離基の違いによる求核置換反応速度の差.

ルギーも安定化される.したがって,活性化エネルギーが低下し反応が加速される.一方 $S_N1$ の場合は,脱離基が安定化されると中間体のエネルギー全体が安定化され,律速段階の遷移状態エネルギーが安定化され,その活性化エネルギーが低下し反応が速くなる.

## 1.7 求 核 性

 $S_N1$ 反応の律速段階に求核剤はかかわらないので, $S_N1$ 反応の速度は求核性に支配されない(立体選択性には求核剤が影響する).ここからの話は $S_N2$ 反応に限ったものである.求核性を左右するおもな要因は,求核剤の塩基性と大きさであるが,脱離能の場合に比べやや複雑である.また,これらの要素以外にも求核剤の直線性, $\alpha$ 効果など考慮すべき点が多い.

求核性は,先の脱離基の反対の議論ができそうに思える.つまり,より塩基性の強い求核剤のほうが,プロトンとくっつきやすいのと同様に炭素原子を攻撃しやすいのではないかということである.実際,メタノール中における種々の求核剤と $CH_3I$ の求核置換反応の相対速度を見ると(表1.2),プロトンが引き抜かれ塩基性が増した $CH_3O^-$ または $C_6H_5S^-$ が, $CH_3OH$ や $C_6H_5SH$ より求核性が大きい.しかし, $CH_3O^-$ と $C_6H_5S^-$ または $CH_3OH$ と $C_6H_5SH$ を比較すると,塩基性の大きい(共役酸の $pK_a$ が大きい)ほうが,求核性が低くなっている.またハロゲン間で比べても,求核性が $I^->Br^->Cl^->F^-$ となっており,共役酸の $pK_a$ 値と逆の傾向を示している.これはどういうことなのか.

求核剤の塩基性だけで説明できない上の現象は,求核剤の大きさに関連している.大きな求核剤ほど電子密度が小さく,一方で分極率は大きい.電子密度が小さいと,

15

表1.2 メタノール中での種々の求核剤の $CH_3I$ との求核置換反応速度，共役酸の $pK_a$

| 求核剤 | 相対速度 | 共役酸の $pK_a$ |
|---|---|---|
| $CH_3OH$ | 1 | $-1.7$ |
| $CH_3O^-$ | 2,000,000 | 15.7 |
| $C_6H_5SH$ | 500,000 | $-7$ |
| $C_6H_5S^-$ | 8,300,000,000 | 6.5 |
| $F^-$ | 500 | 3.5 |
| $Cl^-$ | 23,000 | 9.3 |
| $Br^-$ | 620,000 | $-7.7$ |
| $I^-$ | 26,000,000 | $-10.7$ |
| $NH_3$ | 320,000 | 9.3 |
| $NH_2OH$ | 4,000,000 | 5.8 |
| $NH_2NH_2$ | 4,100,000 | 7.9 |
| $N_3^-$ | 600,000 | 4.7 |
| フタルイミドアニオン | 250,000 | 7.4 |
| $CN^-$ | 5,000,000 | 9.3 |
| $CH_3COO^-$ | 20,000 | 4.8 |

まず溶媒和されにくい結果となる．溶媒和は求核剤の電荷を中和するので，求核性を下げてしまう．ところが大きな求核剤は溶媒和を受けにくいので，本来の求核性が保たれる．さらに，分極率が大きいと遷移状態に至るまでの電子軌道の変形がしやすいため，遷移状態エネルギーが比較的安定であり，反応速度が大きくなる．

脱離基の脱離能は，脱離基の共役酸の $pK_a$ 値だけでほぼ予測できたのに，求核性は少し複雑なようである．これはなぜなのだろうか．脱離能の場合，「脱離基が大きいと脱離基の共役酸の $pK_a$ 値が小さい」→「脱離基の共役酸の $pK_a$ 値が小さいと脱離能が大きい」→「脱離能が高いのは脱離基が大きいからである」という三段論法が成立する．一方求核性の場合，「求核剤が大きいと共役酸の $pK_a$ 値が小さい」→「共役酸の $pK_a$ 値が小さいと求核性が小さい」→「求核性が小さいのは求核剤が小さいからである」と矛盾が生じる．求核性にとって求核剤の大きさと塩基性は，裏腹な事象なのである．その結果，$I^-$ や $Br^-$ は求核性と脱離能の両方が大きくなる．これを利用し，反応系にこれらのイオンのテトラアルキルアンモニウム塩 $Bu_4NL$（$L=I$, $Br$, $HSO_4$ など）を触媒量加えることにより，求核置換反応を促進することができる．

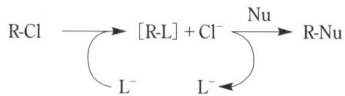

図1.11 求核性と脱離能を合わせもつアニオン $L^-$ を触媒とする求核置換反応．

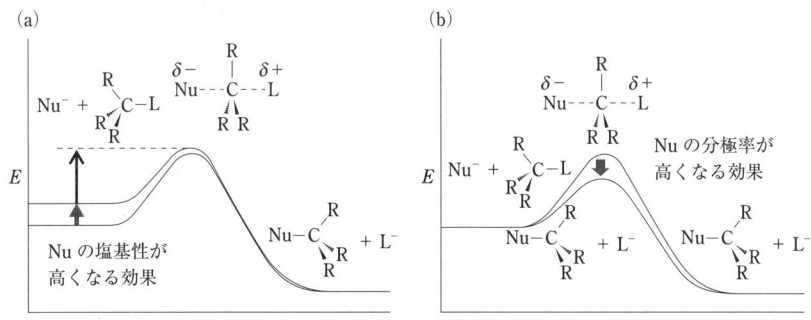

**図 1.12** 求核剤の塩基性と分極率の反応速度への影響.

　求核剤の塩基性が求核性を向上させる効果を反応エネルギー図を使って説明すると，図1.12(a)のようになる．塩基性が向上すると負電荷の電子密度が増加し，反応系のエネルギーが向上する．その結果，遷移状態エネルギーとの差が相対的に小さくなり（活性化エネルギーが低下し），反応速度が向上する．このとき，反応系と遷移状態が完全に独立しているわけではないので，反応系エネルギー向上に伴い遷移状態エネルギーも若干増加するが，その差はわずかなので活性化エネルギーの低下の傾向は変わらない．また，求核剤の大きさ，すなわち分極率増加の影響は，図1.12(b)のようになる．分極率の増加は，遷移状態で形成されつつある共有結合中の電子を分散安定化する効果があり，遷移状態エネルギーを低下させ，活性化エネルギーを低下させるので，反応速度を増加させる．

　表1.2で求核性を比較した求核置換反応は，求核攻撃を受ける化合物が単純なヨウ化メチル $CH_3I$ であるため，副反応を起こしにくい．しかし，より複雑な化合物に対して強塩基を作用させると，その化合物のプロトンを引き抜き，第7章で解説する脱離反応など複雑な反応が起こってしまう．したがって，塩基性の大きい化合物は求核剤としてあまり向いているとはいえない．

　そこで，求核剤の求核性をあげるためにはいろいろな工夫も必要になってくる．その1つは求核剤の直線性である（図1.13(a)）．たとえば窒素原子を導入したい場合に

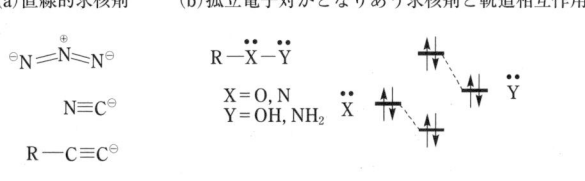

**図 1.13** 塩基性や分極率以外の理由で求核性が大きい求核剤.

は，アンモニア $NH_3$ の代わりにアジドイオン $N_3^-$ を求核剤として使うことがよくある．表1.2からわかるように，共役酸の $pK_a$ 値は $N_3^-$ のほうが小さいが，求核性は大きくなっている．アジド基–$N_3$ は，還元すればアミノ基–$NH_2$ に変換できる．一方，炭素原子を導入したい場合には，シアニドイオン $N\equiv C^-$ やアセチリドイオン $R-C\equiv C^-$ を使う場合がある．これらも三重結合の直線性を利用したものである．

求核性が大きいことで知られるヒドロキシルアミン（$NH_2OH$），ヒドラジン（$NH_2NH_2$）や過酸化水素（$H_2O_2$）は直線的な分子であるが，これらの求核性の大きさはおもに $\alpha$ 効果という軌道相互作用によるものである．$\alpha$ 効果は，酸素原子や窒素原子など孤立電子対をもつ原子どうしが隣接する場合，図1.13(b)に示す軌道相互作用により孤立電子対の軌道エネルギーが向上し，求核性が上がるものと説明される．$\alpha$ 効果は，求核性を向上させると同時に化合物を大きく不安定化するため，一般にこれらの化合物には爆発性がある．ヒドロキシルアミン類はペプチド合成の際，その求核性を利用してカップリング試薬の1つとしてよく使われる（第3章参照）．

## 1.8　溶媒効果

メタノールや水などのプロトン性極性溶媒中では，$S_N1$ は加速，$S_N2$ は減速する．これを反応エネルギー図で説明すると，図1.14のようになる．$S_N1$ 反応では，脱離基が脱離する段階が律速段階であり，この過程の遷移状態は電荷分離している．極性溶媒はこの電荷分離状態を緩和することができるので，遷移状態エネルギーを低下させる効果がある．その結果，活性化エネルギーが低下し反応が加速される．$S_N2$ 反応の遷移状態では，電荷は分散しているものの分離はしていない．出発物質の求核剤のほ

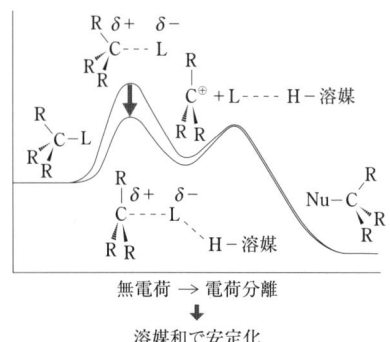
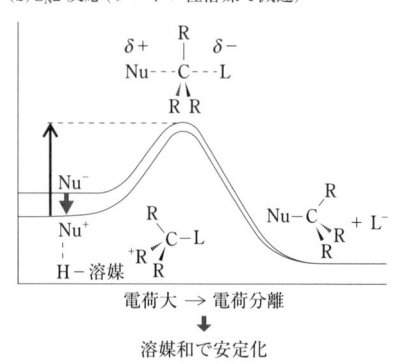

図1.14　求核置換反応における溶媒効果の反応エネルギー図による説明．

うが電荷が大きく，プロトン性溶媒中では水素結合などでその非共有電子対の電子密度が緩和される．したがって，求核剤を含む反応系のエネルギーのほうが大きく低下し，その結果活性化エネルギーが増加することになり，反応が減速する．

　非プロトン性溶媒は電荷をもつ求核剤を溶媒和することはできないが，その双極子モーメントにより，電荷分散または分離した遷移状態を安定化することができる．そのため $S_N1$ と $S_N2$ 両方の機構において反応が加速する．非プロトン性溶媒は，溶媒の極性を表すパラメーターの1つである誘電率の高い順に並べると，ジメチルスルホキシド（DMSO）＞アセトニトリル（$CH_3CN$）＞ジメチルホルムアミド（DMF）＞ニトロメタン（$CH_3NO_2$）＞メチルピロリドン（NMP）＞アセトン（$CH_3COCH_3$）などである．この中でDMSOは，求核剤（たとえばRONa）の対カチオンであるアルカリ金属に配位し，アニオン求核剤（たとえば$RO^-$）を裸にして求核性を上げる効果もあると考えられている．このような効果は，クラウンエーテルを加えることによっても得られる（図1.15）．

図 1.15　DMSO（a）とクラウンエーテル（b）．

## 1.9　立体障害

　求核剤や求核攻撃される化合物の立体障害も，求核置換反応の速度に大きく影響する．立体障害の概念は他の因子に比べると理解しやすく，簡単に解説するにとどめる．ただし，理解しやすいといっても，化合物の立体構造を正しくイメージできないと，意外な落とし穴により立体障害を見逃すことがある．たとえば，込みいった複素環化合物においては，二次元構造からは反応中心から遠くにあると予想されるかさ高い置換基が，立体モデルを組んでみると意外に近くにあり，反応を邪魔することもある．こういうケースに慣れるためには，日ごろなるべく三次元で化合物をイメージするようにし，必要とあれば分子模型を作ってみることを勧める．ここでは，典型的な $S_N2$ 反応における置換基の立体障害の影響を，例としてあげるにとどめる（図1.16）．

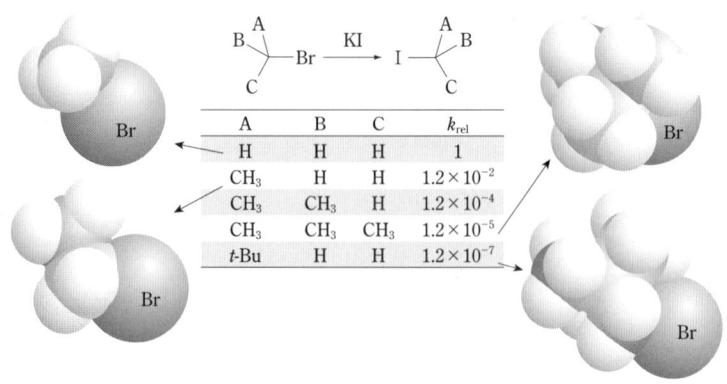

**図 1.16** $S_N2$ 反応における置換基の立体障害の効果. $k_{rel}$：相対速度定数.

## 1.10　置換基の超共役

　溶媒が非極性の $S_N2$ の条件では，図 1.16 に示したように，メチル基が多く置換するほど反応速度が小さくなるが，プロトン性極性溶媒として水を用いて同じ反応を行うと，反応機構が $S_N1$ になり，メチル置換度が大きいほど反応が加速される（図 1.17）．1.7 節で述べたように，$S_N1$ では求核剤は反応速度に直接影響しない．したがって，立体障害は $S_N2$ 反応に比べると重要ではない．それよりも，いかに電荷分離した遷移状態を安定化させるかのほうが重要になる．メチル基はこの安定化効果をもつ．しかし，遷移状態で考えるのはなかなかむずかしいので，1.5 節で述べた「生成物と遷移状態の安定性は相関している」原理により，$S_N1$ では中間体であるカルボカチオンの安定性を考えることにする．

　カルボカチオンの隣に非共有電子対があると，この電子がカチオン側に流れ込み，エネルギーが安定化する（図 1.18(a)）．これを共鳴という．これと似た現象が，非共

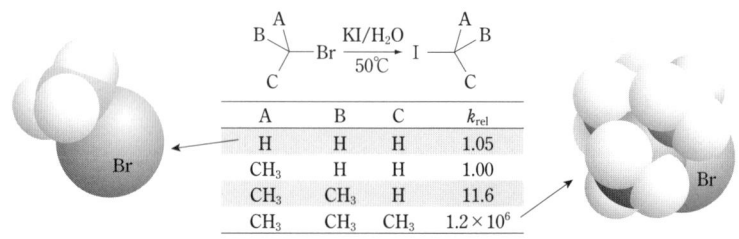

**図 1.17** $S_N1$ 反応における置換基の超共役の効果. $k_{rel}$：相対速度定数.

(a) 孤立電子対によるカルボカチオンの共鳴安定化

(b) 超共役によるカルボカチオンの安定化 (分子軌道モデル)

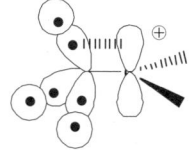

(c) 超共役によるカルボカチオンの安定化 (有機電子論)

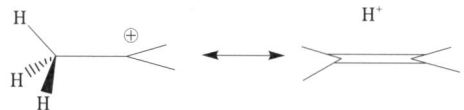

**図 1.18** カルボカチオンの安定化.

有電子対でなく共有結合電子対でも起こる．H-C や C-C などの共有結合中の 2 つの電子がカルボカチオンに流れ込み，カチオンを安定化できる．分子軌道モデルを使って超共役を描写すると図 1.18(b) のようになるが，有機電子論によりむりやり理解しようとすると，プロトンを引き抜き生成する非共有電子対がカチオンに流れ込み，共鳴構造を形成するかのように描写しなければならない (図 1.18(c))．この機構は第 7 章で学ぶ脱離反応のものとほぼ同じであるが，超共役では脱離反応が起こっているわけではない．この共鳴構造は，あくまでも仮想上の構造であると理解する．これは，ベンゼンの共鳴構造が仮想上のものであるとするのと同様であり，実在しないながら，紙の上で反応機構を考えるためには非常に重要な概念である．

## 1.11 置換基の共鳴効果

種々の塩化アルキルの $S_N2$ 求核置換反応の相対速度定数を，図 1.19 に示す．飽和アルキル基をもつ塩化アルキルは，立体障害により反応速度が低下し，$S_N2$ 反応であることが確認される．しかし，ビニル基 ($CH_2 = CH-$)，フェニル基 (Ph-) では，立体障害があるにもかかわらず，塩化メチルとほぼ同様の反応速度を示す．また，メトキシ基 ($CH_3O-$) では塩化メチルよりも反応速度が大きく，フェニルカルボニル基 (PhCO-) では劇的な加速を示している．これらの置換基による求核置換反応加速は，共鳴効果によって説明される．

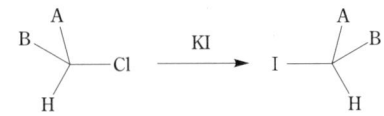

| A | B | 相対速度 $k_{rel}$ | 機構 |
| --- | --- | --- | --- |
| H | H | 200 | $S_N2$ |
| $n$-Bu | H | 1 | $S_N2$ |
| $CH_3$ | $CH_3$ | 0.02 | $S_N2$ |
| $CH_2=CH$ | H | 79 | $S_N1 < S_N2$ |
| Ph | H | 200 | $S_N1 < S_N2$ |
| $CH_3O$ | H | 920 | $S_N1 < S_N2$ |
| $Ph(C=O)$ | H | $10^5$ | $S_N2$ |

**図 1.19** 求核置換反応における置換基効果.

まず，求核置換反応の多くは，実は $S_N1$ と $S_N2$ の両方の機構を経由している可能性に注意しなければならない．通常 $S_N2$ 反応を促進する反応溶媒を用いても，$S_N1$ を促進する他の要素が強いと，一部 $S_N1$ 型で反応する場合がある．少なくとも超共役効果はそれほど強い要素ではないので，アルキル基が増えても $S_N2$ のままである．しかし，ビニル基，フェニル基は π 電子をもち，メトキシ基は孤立電子対をもつ．これらは隣接するカルボカチオンに十分に電子を供給し，図 1.20(a) に示す共鳴構造により，カルボカチオンを安定化する．「生成物（中間体）と遷移状態の安定性は相関している」ので，遷移状態も同様に安定化され，$S_N1$ を大きく加速する．一方，これらの置換基は図 1.20(b) に示すように，$S_N2$ 反応の遷移状態構造も共鳴安定化できる．しかし，この遷移状態の p 軌道には部分的に電子が入っているので，空の p 軌道であるカルボカチオンの安定化ほど大きな安定化は起こさない．しかし，フェニルカルボニル基による劇的な加速は，$S_N2$ 反応の遷移状態の安定化で説明される．カルボニル炭素原子は，カルボニル酸素原子の電子吸引性により正電荷を帯びている．したがって，遷移状態の p 軌道の電子が流れ込み，図 1.20(b) に示す共鳴構造により共鳴安定化できる．カルボニル基は，$S_N1$ 反応におけるカルボカチオンは安定化することができないので，この場合は $S_N2$ 反応が独占的に起こっていると考えられる．

カルボニル基やメトキシ基は，共鳴効果ばかりでなく誘起効果によっても，若干反応の加速にかかわっていると考えられる．誘起効果とは，σ 結合を介して反応中心の電子を引っ張ったり押したりする効果のことであり，カルボニル基やメトキシ基は電子吸引性誘起効果がやや大きい．電子を引っ張ると，基質となる化合物の反応中心のプラス電荷が強まるので，求核剤が攻撃しやすくなり，求核置換反応が加速されると考えられている．

(a) $S_N1$ における共鳴によるカルボカチオン安定化

(b) $S_N2$ における共鳴による遷移状態安定化

ビニル，フェニル　　酸素原子　　カルボニル

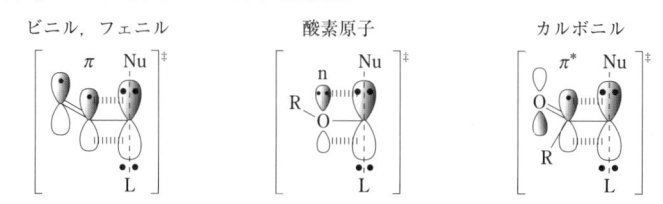

**図 1.20** 求核置換反応における置換基の共鳴効果．

ここで，「1.1 節バイオに関連する求核置換反応」で投げかけた 2 つの疑問を思い出してほしい（図 1.2 参照）．糖の六員環の中にある酸素原子が求核置換反応に不可欠なのはなぜか．また，イミダゾールに対するアフィニティーラベル化剤 TPCK のもつカルボニル基が，求核置換反応の成功の秘訣であるのはなぜか．ここでの解説を理解すれば，これらの疑問に容易に答えられるはずである．

## 1.12　置換基の隣接基関与

1.11 節で説明した置換基の共鳴効果（および誘起効果）は，反応中心に直接結合した原子団の電子的効果についてであった．隣接基関与といった場合は，反応中心との間に 1 個以上の炭素原子（または化合物の骨組みとなるその他の原子）で隔たれた置換基が，反応中心に補助的に働きかける場合のことである．反応の加速効果としては 10 倍から 100 倍と小さいが，立体選択性に対しては十分な反応速度差をもたらすことができる．このことから，グリコシド化反応の立体選択性を出すためによく使われる．

まず，1 個の炭素原子で隔たれた隣接基関与について説明する．表 1.3 に示す反応において，$PhX(CH_2)_nCl$ の X が $CH_2$ である場合を基準にみると，X が硫黄原子 S で，$n$ が 2 および 4 のときだけ反応の加速が観察される．これは，求核性の大きい硫黄原子が分子内求核攻撃し，中間体であるスルホニウムイオンを形成することにより，反

1 求核置換反応の化学

表 1.3　PhX(CH$_2$)$_n$Cl の加水分解速度(S$_N$1)

| X | $n$ | TS の員数[†] | 相対速度 $k_{rel}$ |
|---|---|---|---|
| CH$_2$ | 4 | - | 1.0 |
| O | 2 | 3 | 0.11 |
| O | 3 | 4 | 0.43 |
| O | 4 | 5 | 0.98 |
| S | 2 | 3 | 104 |
| S | 3 | 4 | 0.55 |
| S | 4 | 5 | 21 |
| S | 5 | 6 | 0.28 |

[†] 遷移状態(TS)の構造：

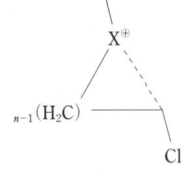

応を加速していると考えられる．この分子内スルホニウムイオン形成は，三員環または五員環構造が安定かつ形成速度が大きい．一般的に隣接基関与を示すものは，その中間体あるいは遷移状態構造として，三員環か五員環構造をもつものがほとんどである．この隣接基関与は，シアル酸の α 選択的グリコシド化反応に応用されている(図1.21(a))．また，五員環構造を中間体にもつ隣接基関与は，グルコースの β 選択的グリコシド化に応用されている(図 1.21(b))．

(a) 三員環形成隣接基関与による α 選択的シアロシドの合成

(b) 五員環形成隣接基関与による β 選択的グルコシドの合成

図 1.21　隣接基関与を利用する立体選択的グリコシド化反応．

## 1.13 実例から学ぶ求核置換反応

### 1.13.1 C-H 結合形成

　水素化ナトリウムなどの水素化物塩をハロゲン化アルキルと反応させても，求核置換反応による C-H 結合形成を起こすことはできない．一般的には，$\beta$ 脱離反応が優先して起き，アルケンができる場合が多いだろう．$H^-$ が求核剤になり得ないのは，電子の軌道 (1s) が小さく電子密度が非常に大きく，より大きい炭素原子の 2p 軌道とうまく結合できないためである．このように，軌道が小さく電子密度が大きい塩基のことを，一般に「硬い塩基」とよぶ．逆に $I^-$ のように，大きくて電子密度が小さい塩基のことを，「柔らかい塩基」とよぶ．「硬い塩基」は小さな分子軌道をもち，正電荷密度の大きい「硬い酸」（たとえばプロトン $H^+$）と相性がよく，「柔らかい塩基」は大きな分子軌道をもち，正電荷密度の小さい「柔らかい酸」（たとえばヨウ素 $I_2$）と相性がよい．一般的な酸と塩基の相性についてこのように説明する理論を，「硬い酸・塩基，柔らかい酸・塩基 (HSAB)」理論という．

　さて，HSAB 理論に沿って表現すると，本来硬い $H^-$ を柔らかく変身させることが可能である．水素原子を Al や B など典型元素に結合させてアート錯体とよばれる化合物 $AlH_4^-$, $BH_4^-$ にすると，この水素原子は柔らかい塩基となる．負電荷が $AlH_4^-$ （または $BH_4^-$）全体に広がり，電子密度が小さくなるからである．アート錯体を使えば，求核置換反応による C-H 結合形成が可能となる．たとえば，水素化アルミニウムリチウム (LiAlH$_4$) を用いる，エポキシドの還元的開環による C-H 結合形成があげられる（図 1.22）．エポキシドの三員環が熱力学的に不安定なため，これを開環してこの不安定さを解消することが，反応の動力源になっている．このように，環構造のひずみの解消あるいは増加による求核置換反応速度への影響も，有機化学学習上重要な項目の 1 つである．

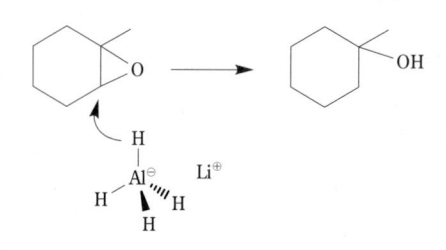

**図 1.22** LiAlH$_4$ を用いる C-H 形成．

## 1.13.2 C-C 結合形成

1.13 節の C-H 結合形成もそうだが，C-C 結合は，第 2 章で述べるカルボニル炭素原子への付加反応により形成される場合が圧倒的に多い．その理由は，脱離基をもつ化合物は，強塩基存在下に隣接するプロトンが引き抜かれ脱離反応が起こりやすいからである．$H^-$，$C^-$ などは柔らかい塩基に変換することも可能であるが，一般的には硬い塩基なので，プロトンを引き抜いて脱離反応を起こさないように注意しなければならない．図 1.23 に求核置換反応による C-C 結合形成反応を例示する．多くの反応では，強塩基により C-H 結合のプロトンを引き抜き $C^-$ を求核剤として用いている．C-H 結合のプロトンを引き抜く強塩基をどのように選択するかは，脱離能や求核性の項で学んだ $pK_a$ の理論が有効である．強塩基の共役酸の $pK_a$ が，対象とする C-H 結合の $pK_a$ 値より十分大きいものを選ぶ必要がある（表 1.4）．

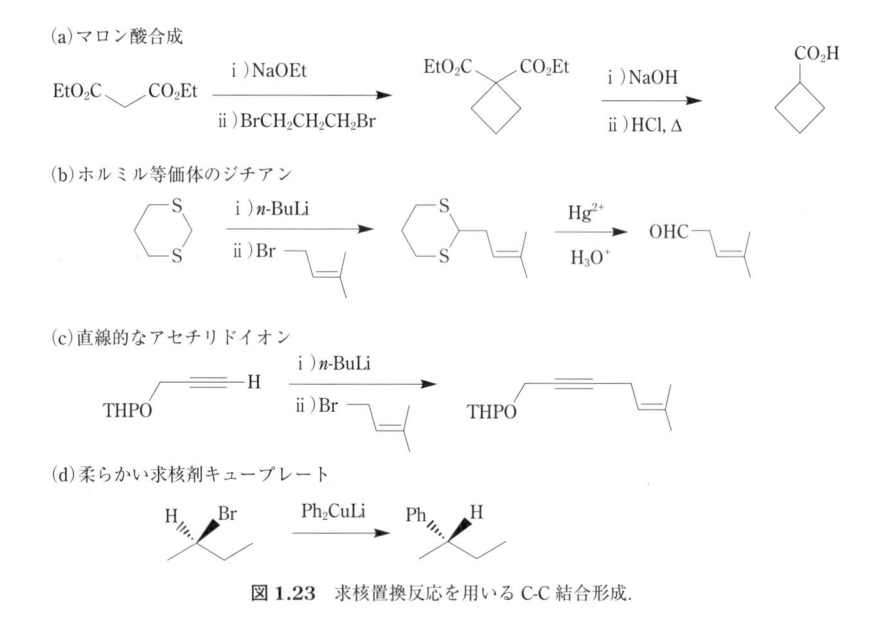

(a) マロン酸合成

EtO$_2$C──CO$_2$Et　i) NaOEt　ii) BrCH$_2$CH$_2$CH$_2$Br　→　EtO$_2$C──CO$_2$Et（環状）　i) NaOH　ii) HCl, Δ　→　CO$_2$H（環状）

(b) ホルミル等価体のジチアン

i) $n$-BuLi　ii) Br──　→　　Hg$^{2+}$／H$_3$O$^+$　→　OHC──

(c) 直線的なアセチリドイオン

THPO──≡──H　i) $n$-BuLi　ii) Br──　→　THPO──≡──

(d) 柔らかい求核剤キュープレート

H────Br　Ph$_2$CuLi　→　Ph────H

図 1.23　求核置換反応を用いる C-C 結合形成．

たとえば，マロン酸ジエステルの C-H の $pK_a$ は 13.5 であり，エタノールの $pK_a$ 16 のほうが大きいので，NaOEt でプロトンを引き抜きアニオンにすることができる．ちなみに，この求核置換反応後 1 個だけ脱炭酸させるところまでをマロン酸合成といい，置換カルボン酸合成の一般的方法となっている（第 2 章参照）．ジチアン（(RS)$_2$CH$_2$）の $pK_a$ は 24 であり，この C-H からプロトンを引き抜くためには NaOEt では不十分である．少なくとも LDA（リチウムジイソプロピルアミド：共役酸の $pK_a$

表 1.4 強塩基の共役酸の p$K_a$

| 共役酸 | p$K_a$ |
|---|---|
| $n$-Bu-H | 50 |
| $i$-Pr$_2$N-H | 36 |
| H-CH$_2$COOR | 25 |
| RC≡C-H | 25 |
| (RS)$_2$CH-H | 24 |
| EtO-H | 16 |
| (RO$_2$C)$_2$CH-H | 13.5 |

36) くらいの強塩基が必要である．ブチルリチウムならブタンの p$K_a$ が50なので，十分すぎるくらいである．化合物内に，塩基に弱そうな部分がある場合は，LDA が選択肢となる．ジチアンはあとで加水分解し，より合成的に有用なアルデヒドに変換できる．このホルミル基の炭素原子は正電荷を帯びやすい部分であり，求核置換反応によりホルミル基を直接結合させることはできない．一方，ジチアンはホルミル基の等価体であり，相当する炭素原子は負電荷を帯びやすい．このように電荷の性質を転換することを極性転換（umpolung）といい，合成戦略を考えるうえで重要な概念の1つである．アセチレンの p$K_a$ も25なので，状況はジチアンと同じである．アセチレンは，1.7節で学習した直線性による求核性の大きさを兼ね備えている．一方，R$_2$CuLi はアルキルアニオン（R$^-$）を柔らかい塩基にすることにより，求核置換反応を円滑に進行させることができる．このような有機金属を用いることでアニオンを柔らかい塩基に変換する方法はよく用いられるが，Grignard（グリニャール）試薬 RMgBr の場合は硬い塩基なので，脱離反応が優勢になってしまう．

### 1.13.3 C-O 結合形成

O$^-$ は硬い塩基なので，求核置換反応を起こそうとする場合，脱離反応を起こさない工夫も必ず考えなければならない．単純にアルコキシアニオン（RO$^-$）と R'L との求核置換反応でエーテル（ROR'）合成を行う場合もあるが，R'L の反応中心が第二級炭素だと比較的むずかしい．このような場合にも，Mitsunobu（光延）反応を用いるとうまくいく場合がある（図 1.24）．この反応は，リン原子の酸素原子親和性の高さによる容易な P=O 結合生成と，-N=N- の π 結合の還元されやすさをうまく組み合わせて，比較的塩基性の小さい条件で求核性の低いカルボン酸による求核置換反応を可能にしている．

### 1.13.4 C-N 結合形成

アンモニア（NH$_3$）の求核性がそれほど低いわけではないことは，表 1.2 で見てとれ

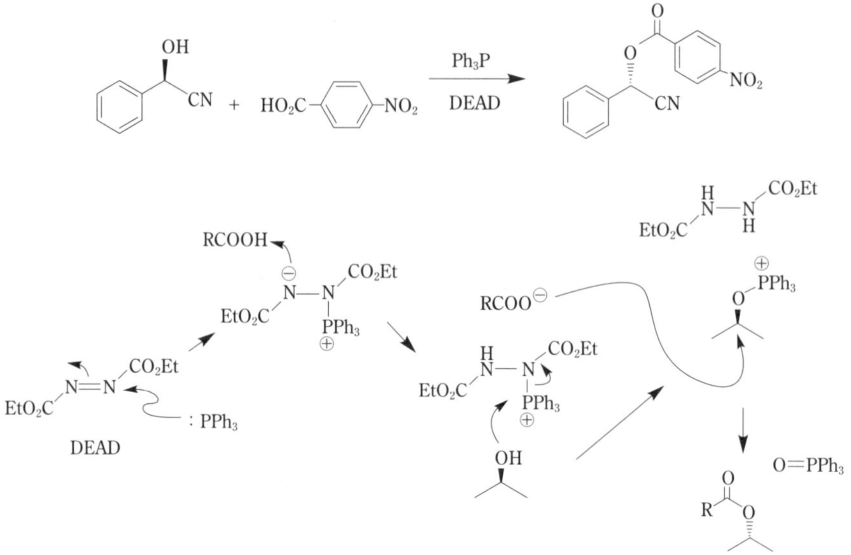

**図 1.24** ミツノブ反応とその反応機構.

る．しかしアンモニアは気体で取り扱いにくく，アンモニア水を求核試薬として用いる場合，アミンがプロトン化されていて求核性が低い状態になっている．したがって，第二級炭素原子上での求核置換反応はあまり期待できない．また，第一級炭素原子上での求核置換反応の場合，生成する第一級アミンは孤立電子対をもっており，まだ求核性が残っているので，二段階め以降の反応が進行可能で，最大四段階めまでの反応により，第四級アンモニウム塩が生成する場合もある．一般的には第一級から第四級までのアミンの混合物が得られる可能性が高い（図 1.25）．そこで，後にアミンに変換

$$NH_3 \xrightarrow{CH_3Br} CH_3NH_2 \xrightarrow{CH_3Br} (CH_3)_2NH \xrightarrow{CH_3Br} (CH_3)_3N \xrightarrow{CH_3Br} (CH_3)_4\overset{+}{N}\overset{-}{Br}$$

**図 1.25** アミンのアルキル化：第四級アンモニウムイオンの生成.

可能であり，1回だけ求核置換反応を起こす試薬を使う．

フタルイミドはN上に1つだけプロトンをもつので，このプロトンを引き抜きアニオンとすれば，求核置換反応はN上で1回だけ起こる（図 1.26）．孤立電子対は残っているが，2つのカルボニル基との共鳴によりこの孤立電子対の求核性は非常に低い．第二級炭素原子上でも求核置換反応を起こすことが可能で，生成したフタルイミドは，ヒドラジンとの反応によりフタル基を除去し，アミンへと変換できる（Gabriel（ガブ

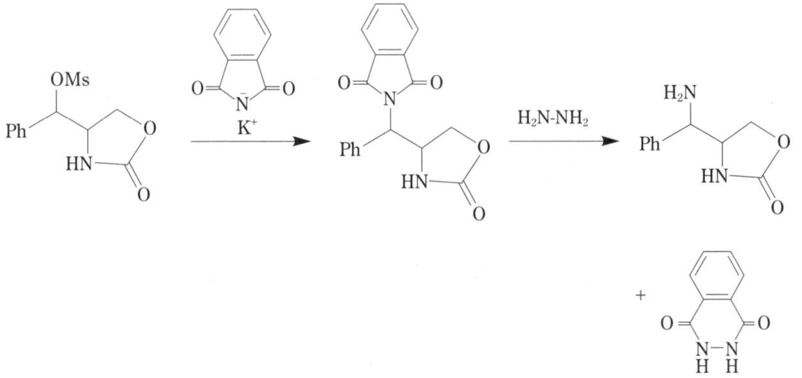

図 1.26 Gabriel 合成によるアミンの合成.

リエル) 合成, 6.1.5 項参照).

　アジドイオンも求核置換反応を起こすと，求核性の低い孤立電子対しか残らないので，1回だけ反応する(6.1.4 項参照). 例としてあげたアジド化反応はエポキシ環の開環を利用するものだが，エポキシドの反応点は2つある. 六員環構造上にエポキシドがある場合は，この2つの反応点に対する求核攻撃の位置選択性を予測する法則があり，Fürst-Plattener 則とよばれる. 2つの反応点の立体障害に大きな差がない場合は，この法則の適用を考える. この法則は，エポキシドが開環する場合，開環してできる六員環上の新たな2つの置換基が，ジアキシアルの関係になる開環が優勢であるというものである. 図 1.27 のエポキシドに対する $N_3^-$ の攻撃点は a と b の2つがあるが，このうち a で反応する場合，エポキシドはねじれながら開環し，アジド基とアルコキシ基がジエクアトリアルの関係になる. このねじれ開環は，ねじれを伴わない開環に比べてエネルギー的に不利である. 一方，b点で反応した場合，ねじれを伴わずにジ

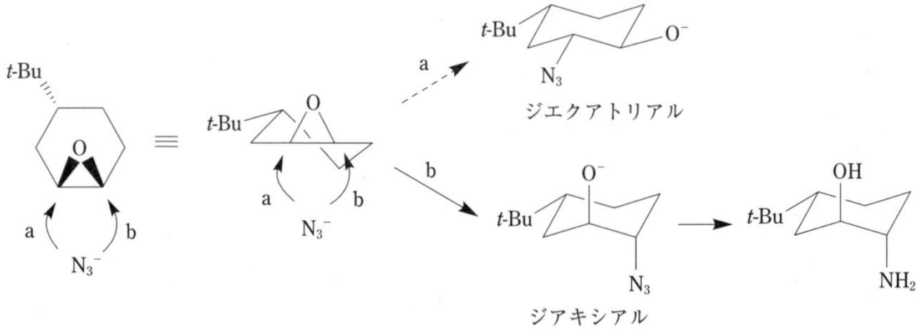

図 1.27 アジドイオンの求核置換反応におけるエポキシド開環の立体選択性(Fürst-Plattener 則).

アキシアル化合物が優勢に生成する．アジド基は，Pd 触媒を用いる接触水素化やトリフェニルホスフィン(Ph$_3$P)を用いる還元により，アミノ基へと変換できる．

第 1 章の最後に，求核置換反応を用いる官能基変換法を表 1.5 にまとめる．出発点として最もよく用いられるのは水酸基である．糖化合物は水酸基を多く含むので，糖化学において求核置換反応は無視できない反応になる．水酸基を直接違う官能基に導くミツノブ反応もあるが，一般的にはまずハロゲン基やスルホネート基などの脱離基に変換する．ハロゲン化アルキルは，すべて 1 種の求核置換反応を用いて合成される．アミノ基の場合も，亜硝酸ナトリウムを作用させれば脱離能の高いジアゾ基に変換される．ジアゾ基は，脱離すると非常に安定な窒素分子を生成するので，反応性が非常に高い．一般的には，共存する水の求核攻撃を受けアルコールが合成される．アミン類の合成は 1.13.4 項で述べたので省略するが，このほかにリン化合物への変換やチオールへの変換も求核置換反応がよく用いられる．

ここでは，求核置換反応の理論から実際について解説してきたが，とくに理論的側面は有機化学全般で応用可能な基礎中の基礎を成している．したがって，本章を真剣に読んだ諸君は，その後の章を比較的すんなりと読めるようになっているはずである．

表 1.5　求核置換反応を利用する官能基変換のまとめ

$$R-X \xrightarrow{試薬1} R-L \xrightarrow{試薬2} R-Nu \xrightarrow{試薬3} R-Y$$

| X | 試薬 1 | L | Nu | 試薬 2 | Y | 試薬 3 |
|---|---|---|---|---|---|---|
| -OH | PBr$_3$ | Br | すべて | — | | |
| -OH | Ph$_3$P, Br$_2$ | Br | すべて | — | | |
| -OH | Ph$_3$P, Br$_2$ イミダゾール | I | すべて | — | | |
| -OH | Tf$_2$O, Py | -OTf | すべて | — | | |
| -NH$_2$ | NaNO$_2$ | -$^+$N≡N | -OH | H$_2$O | — | |
| — | — | すべて | -N$_3$ | NaN$_3$ | -NH$_2$ | Ph$_3$P |
| — | — | すべて | -N(CO)$_2$C$_6$H$_4$ (フタルイミド) | フタルイミドK | -NH$_2$ | N$_2$H$_4$ |
| — | — | I | -P$^+$Ph$_3$I$^-$ | Ph$_3$P | — | |
| — | — | すべて | -SCN | KSCN | -SH | a |
| — | — | すべて | -S-C(NH$_2$)=NH$_2^+$L$^-$ | H$_2$N-C(=S)-NH$_2$ | -SH | NaOH |
| — | — | すべて | -SAc | KSAc | -SH | NaOMe |

a：ジチオスレイトール-EDTA/MeOH または Zn/AcOH

# 2 カルボニル化合物の合成と反応
## ——天然物化学への展開

　ここでは，1)ケトンやエステルなどのカルボニル化合物の合成，2)エノラートの調製と反応，3)カルボニル化合物への付加反応，4)Wittig反応について述べる．

## 2.1　カルボニル化合物の合成

### 2.1.1　アルコールの酸化

　アルコールの酸化については第5章で詳しく解説しているので，ここでは合成的に有用な酸化を概観するのにとどめる．現在までに多数の酸化剤が開発されており，酸化剤を選択するときには，アルコール分子に含まれている官能基の酸化条件下での安定性や，酸化剤の価格などを考慮する必要がある．表2.1に，一般的に使われている酸化剤を載せる．Swern酸化の活性種は図2.1に示す$[Me_2SCl]^+Cl^-$であり，Parikh-Doering酸化やPfitzner-Moffatt酸化でも同様な活性種が生成している．PDC酸化の場合，使用する溶媒によって，アルデヒドまたはカルボン酸を生成する(表2.1脚注を参照)．Jones酸化は第一級アルコールまたはアルデヒドを酸化してカルボン酸を与えるが，酸性度が強いため，共存するシリルエーテルやアセタールなどは脱保護する危険性がある．$NaIO_4/RuCl_3$酸化は弱酸性で進行してカルボン酸を生成するが，二重結合や三重結合も酸化する．別法としてアルコールからアルデヒドに変換し，それをPinnick酸化してカルボン酸にする方法がある(2.1式)．この反応は弱酸性条件下で行えるため，頻繁に活用されている．$Me_2C=CHMe$は，副生する次亜塩素酸や塩素(二重結合と容易に反応する)をトラップするために加えてある．

**表 2.1**　実験室で使用される酸化剤

| 酸化反応の名称 | 酸化剤[†1] | 使用条件 | 第一級アルコールを酸化したときの生成物 |
|---|---|---|---|
| Swern 酸化 | $(COCl)_2$, DMSO, $Et_3N$ | 中性 | アルデヒド |
| Parikh-Doering 酸化 | DMSO, $SO_3$・Py | 弱酸性 | アルデヒド |
| Pfitzner-Moffatt 酸化 | DMSO, DCC, $H^+$ | 弱酸性 | アルデヒド |
| Dess-Martin 酸化 | 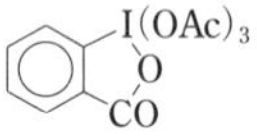I(OAc)3<br>O<br>CO | 中性 | アルデヒド |
| PCC 酸化 | $CrO_3$・HCl・Py | 弱酸性 | アルデヒド |
| PDC 酸化 | 2Py・$H_2Cr_2O_7$ | 弱塩基性 | アルデヒド，カルボン酸[†2] |
| Collins 酸化 | $CrO_3$・2Py | 塩基性 | アルデヒド |
| Jones 酸化 | $CrO_3$, $H_2SO_4$, $H_2O$ | 酸性 | カルボン酸 |
| $NaIO_4/RuCl_3$ 酸化 | $NaIO_4$，触媒量の $RuCl_3$ | 弱酸性 | カルボン酸 |

†1 DMSO : $Me_2SO$，Py : ピリジン，DCC：ジシクロヘキシルカルボジイミド
†2 $CH_2Cl_2$ 中で使用するとアルデヒドが，DMF 中ではカルボン酸が生成する

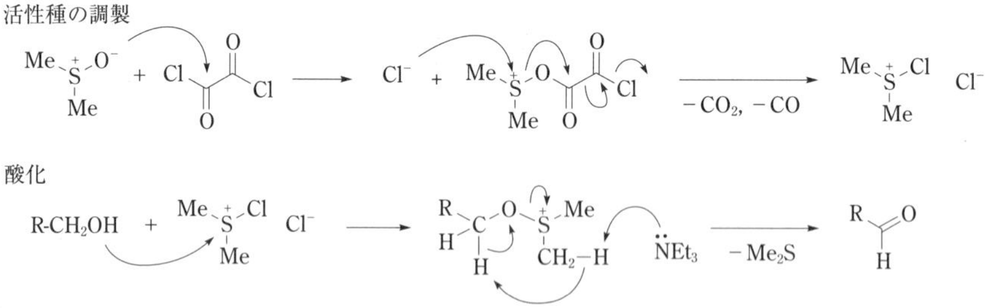
活性種の調製
Me
Me
O⁻
Cl
Cl
O
Cl⁻
−CO2, −CO
Cl⁻
酸化
R-CH2OH
NEt3
−Me2S
R
O
H

**図 2.1**　Swern 酸化の反応機構.

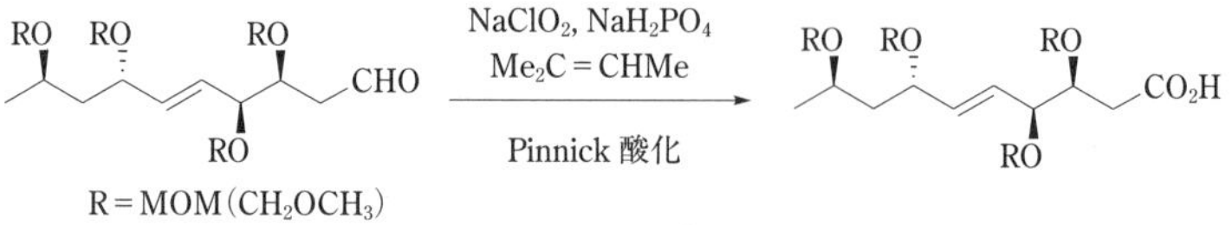
RO
CHO
NaClO2, NaH2PO4
Me2C = CHMe
Pinnick 酸化
CO2H
R = MOM(CH2OCH3)
(2.1)

## 2.1.2　カルボン酸誘導体からケトンへの変換

カルボン酸もしくはその誘導体をケトンに変換する反応の中で，(2.2)～(2.4)式の反応は，収率，適応範囲の広さ，操作の簡便性などの観点から，広く一般的に使われている.

カルボン酸クロリド
と $R_2CuLi$

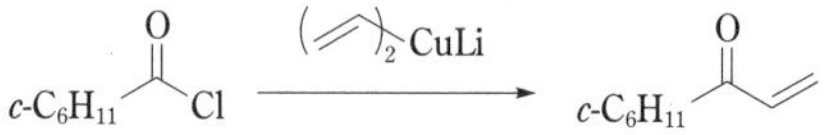
O
c-C6H11
Cl
CuLi
O
c-C6H11
(2.2)

$$\text{カルボン酸} \atop \text{とRLi} \quad c\text{-}C_6H_{11}\overset{OR}{\underset{}{\text{CH}}}\text{CO}_2\text{H} \xrightarrow{2\,\text{EtLi}} c\text{-}C_6H_{11}\overset{OR}{\underset{}{\text{CH}}}\overset{O}{\underset{}{\text{C}}}\text{Et} \tag{2.3}$$

$$\left[c\text{-}C_6H_{11}\overset{OR}{\underset{Et}{\text{CH-C-O}^-}}\overset{O^-}{}\right] \xrightarrow{H_2O} c\text{-}C_6H_{11}\overset{OR}{\underset{Et}{\text{CH-C-OH}}}\overset{OH}{}$$

Weinreb アミドと
RLi または
RMgBr

$$\text{Ph}\overset{}{\sim}\text{COCl} \longrightarrow \text{Ph}\overset{}{\sim}\overset{O}{\underset{}{\text{C}}}\text{N}\overset{\text{OMe}}{\underset{\text{Me}}{}} \xrightarrow[\text{または BuMgBr}]{\text{BuLi}} \tag{2.4}$$

Weinreb アミド

$$\left[\text{Ph}\overset{}{\sim}\overset{\text{Bu}\;O^-Li^+}{\underset{}{\text{C}}}\overset{}{\underset{\text{Me}}{\text{N}}}\text{OMe}\right] \xrightarrow{H_2O} \text{Ph}\overset{}{\sim}\overset{O}{\underset{}{\text{C}}}\text{Bu}$$

(2.2)式では，$R_2$CuLi および反応で生じる RCu は求核性が弱いため，生じたケトンがさらに反応することはない．(2.3)式では，カルボン酸と RLi を 1：1 で反応させて生じたカルボキシレートアニオンに，RLi(R＝Et)が付加してジアルコキシアニオンを生じる．しかし，$O^{2-}$ は脱離基にならないため反応はここで止まり，水を加えると不安定なケトンの水和物になり，そこから水がとれてケトンになる．(2.4)式では，RLi もしくは RMgBr の付加した中間体が，N(OMe)にキレート化して安定化するため，この原子団は脱離しない．水を加えて後処理するとケトンになる．一方，ヒドリド還元するとアルデヒドになる．

(2.2)式で使う $R_2$CuLi は，RLi と CuI を 2：1 の割合で調製する．$R_2$CuLi はほとんど求核性がないため，側鎖にカルボニル基などの官能基をもつカルボン酸クロリドに適用できる．一方(2.3)式では，直接 RLi を用いるため簡便であるが，その反面 RLi は求核性が強いため，側鎖にカルボニル基(エステル基やケトン基)などの官能基をもつカルボン酸には適用できない．(2.4)式は，RLi と比べてより広範囲の RBr から調製できる RMgBr を使えるが，アミドの調製に手間がかかる．したがって，これらの特徴を考慮して目的に合った方法を選ぶべきである．

### 2.1.3　カルボン酸誘導体からアルデヒドへの変換

カルボン酸誘導体からアルデヒドへの変換も，いくつか知られている．カルボン酸クロリドと $[(t\text{-BuO})_3\text{AlH}]^-\text{Li}^+$ との反応，カルボン酸アミドと DIBAL($i\text{-Bu}_2\text{AlH}$)との反応が一般的である．このほか，ニトリル(RCN)の DIBAL 還元も頻繁に用いられている．

## 2.2 カルボン酸の活性化

図 2.2 に，カルボン酸からエステルやアミドに変換する代表的な試薬を掲げる．なかでも DCC は安価であり，定番ともいえる．アミド化するとき，ヒドロキシルアミ

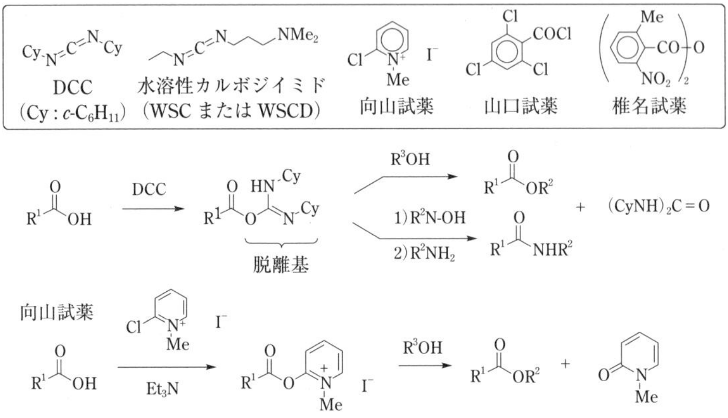

**図 2.2** 代表的なカルボン酸の活性化剤および反応機構 (Cy, $c$-C$_6$H$_{11}$).

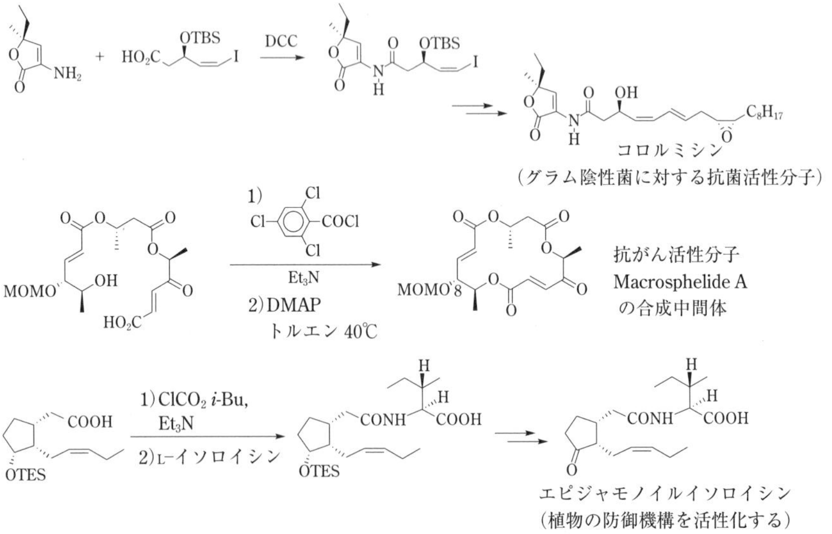

**図 2.3** カルボン酸誘導体の合成例．TBS : $t$-BuMe$_2$Si, TES : Et$_3$Si, MOM : CH$_3$OCH$_2$, DMAP : 4-Me$_2$N-ピリジン．

ン($R_2$N-OH)で活性化する必要がある．欠点は，副生成する($c$-$C_6H_{11}$NH)$_2$CO が水に不溶であり，一方で有機溶媒にはわずかしか溶けないため，生成物(エステル，アミド)の精製がむずかしくなるときがある．WSC(水溶性カルボジイミド)は DCC の改良型であり，試薬由来の副生成物は水に可溶である．向山試薬や山口試薬，椎名試薬を使う場合に生じる副生成物も，簡単に除くことができる．

図 2.3 に縮合反応の例を示す．最初の例では，アミノ基とオレフィンが共役しているため，アミノ基の求核性は通常より低くなっているが，それでも問題なく反応している．2 番めは，山口試薬を使ったマクロラクトン化の典型的な例である．3 番めの例では，ClCO$_2^i$Bu を使ってカルボン酸を活性化して，L-イソロイシンと反応させている．

## 2.3 エノラートの調製と p$K_a$ 値

表 2.2 に，代表的なカルボニル化合物とそれに関連する化合物の p$K_a$ 値を掲げる．ケトン，エステル，カルボン酸アミドの α 位プロトンの p$K_a$ は約 15 〜 30 である．原理的には，これより大きな p$K_a$ 値をもつ化合物の共役塩基により脱プロトン化され，エノラートを生じる．表から，アルキルアニオンやアミド(アミンのアニオン)などが候補としてあげられるが，通常，$n$-BuLi と $i$-Pr$_2$NH から作られる LDA($i$-Pr$_2$NLi)が用いられる．これに対して $n$-BuLi や MeLi は，カルボニル基に対する求核性があるため使えない．一方，カルボニル化合物よりも p$K_a$ 値の小さいアルコキシド(NaOEt など，p$K_a$ = 16 〜 18)を用いると，エノラートはわずかしか生成しないため，アルドール反応やアルキル化反応は進行しない．しかし，Dieckmann(ディークマン)反応だけは例外的に反応する．アルコキシドよりも安定なアニオン(生成物)の生成が，反応完結のための駆動力になっている．アルデヒドやカルボン酸ハライドは反応性に富み，用いた塩基がカルボニル基へ求核攻撃したり，生じたエノラートと未反応のカルボニル化合物の間で反応したりして，複数の化合物を生成する．

表 2.2 代表的な化合物の p$K_a$ 値

| 酸 | p$K_a$ | 酸 | p$K_a$ | 酸 | p$K_a$ |
|---|---|---|---|---|---|
| $n$-PrC$H_3$ | ca 50 | CH$_3$C(=O)OEt | 25 | Me$OH$ | 16 |
| Me-$H$ | ca 48 | $t$-BuC(=O)C$H$Me$_2$ | 23 | $H_2$O | 16 |
| Ph-$H$ | ca 43 | $t$-BuC(=O)C$H_3$ | 21 | CH$_3$C(=O)$H$ | 14 |
| $i$-Pr$_2$N$H$ | 37 | MeC(=O)C$H_3$ | 20 | C$H_2$(CO$_2$Et)$_2$ | 13 |
| N$H_3$ | 35 | $t$-BuO$H$ | 19 | AcC$H_2$CO$_2$Et | 11 |
| HC≡C-$H$ | 25 | EtO$H$ | 17 | Ac$_2$C$H_2$ | 9 |
| CH$_3$C(=O)N$H$Me$_2$ | 30 | CH$_3$C(=O)Cl | 16 | AcO$H$ | 4.8 |

**図 2.4** アセト酢酸エステル合成とマロン酸エステル合成.

上述したカルボニル化合物と異なり，アセト酢酸エステルやマロン酸エステルのエノラートは，2つのカルボニル基により安定化されるため，$pK_a$ 値は約 9〜13 まで下がり，NaOEt によって容易に脱プロトン化される．大学学部のときに学習したアセト酢酸エステル合成やマロン酸エステル合成の最初の段階は，これらのエノラートのアルキル化である（図 2.4）．

## 2.4 エノラートの調製とアルドール反応，アルキル化反応

シスおよびトランスエノラートは，種々の求電子試薬 $E^+$（アルデヒド，アルキルハライド，$\alpha,\beta$-不飽和カルボニル化合物など）とエノラートの上または下の面で反応し，$\alpha$ 炭素の立体化学が互いに逆の生成物 A, B を与える（図 2.5）．R にキラル中心がない場合，A と B はエナンチオマーどうしであり，R にキラル中心が存在する場合，A と B はジアステレオマーの関係になる．したがって，面選択性をどちらかに偏らせることができれば，生成物を光学活性体として合成できる．以下で解説するように，現在，シスエノラートもトランスエノラートも立体選択的に合成できる．

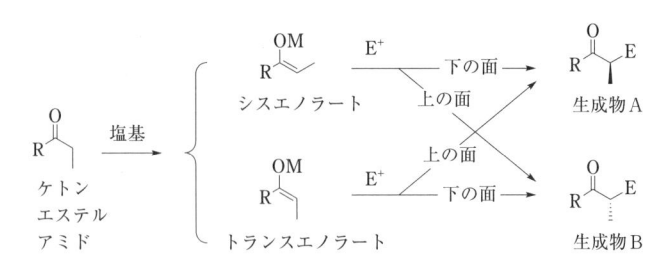

**図 2.5** エノラートの反応面と生成物の立体化学との関係.

## 2.4.1 リチウムエノラートの調製

LDA を用いるケトンの脱プロトン化は，イス型六員環遷移状態をとって進行する．この際，ケトンの α 位についている 2 つのプロトンのうち，カルボニル炭素の π 電子と重なり合う位置にある C-H 結合の H が，プロトンとして引き抜かれる．この条件を満たす遷移状態として，図 2.6 に示す TS-A と TS-B が考えられる (TS: 遷移状態)．これらの TS に発生する立体反発の中で，R と Me 間の立体反発 B2 が最も大きく，TS-A を通ってシスエノラートを生成する．たとえば R=Et の場合，シス：トランス =87：13，R=t-Bu では＞98：＜2 である．

エステル (R'=OR') の場合も同様の遷移状態を使って説明できるが，B2 の立体反発 (Me と OR' の間) はさほど大きくないため，B2 よりも A1 の影響が大きくなり，TS-B を経由してトランスエノラートを与える．

アミドの場合，R'(=NR'$_2$) は，ケトンの R$^1$ と同様立体障害として働き，シスエノラートを生成する．

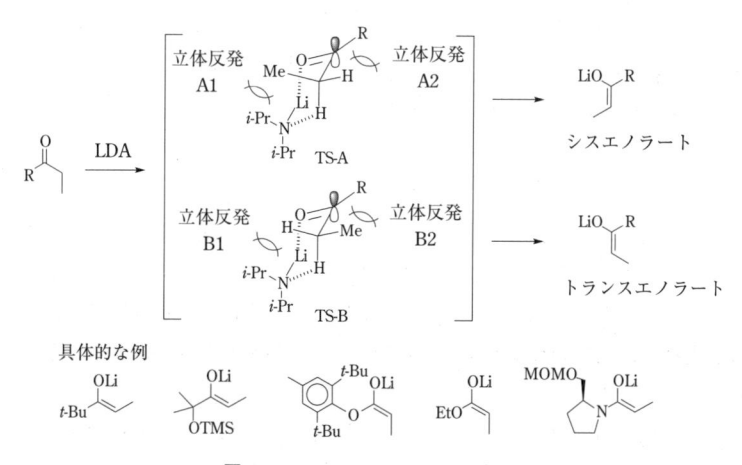

**図 2.6** リチウムエノラートの合成．

## 2.4.2 ホウ素エノラートの調製

カルボニル化合物にホウ素トリフレート (R$_2^2$BOTf) と第三級アミン (i-Pr$_2$NEt など) を作用させると，カルボニル化合物の置換基 R$^1$ とホウ素上の R$^2$ の大きさにより，シスまたはトランスエノラートが選択的に生成する (図 2.7)．R$^1$ と R$^2$ が小さい場合，ホウ素は R$^1$ 側でカルボニル酸素に配位し，同時に R$^1$ とエチル基上の Me 基が遠い位

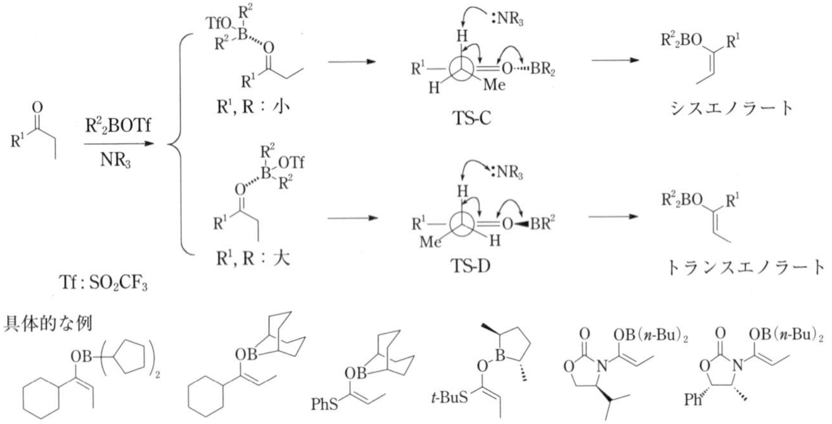

図 2.7　ホウ素エノラートの合成.

置になるような配座をとり，その状態で $NR_3$ により脱プロトン化され(TS-C)，シスエノラートを生成する．一方 $R^1$ と $R^2$ が大きいと，ホウ素は Et 側でカルボニル酸素に配位し，TS-D を経由してトランスエノラートを与える．下の具体的な例から明らかなように，9-BBNOTf(9-borabicyclo[3.3.1]nonane)のホウ素上の 1,5-シクロオクチレン基は，小さい置換基として働いている．

## 2.4.3　エノラートのアルキル化

　アルキル化反応の生成物は中性分子であるため，反応の途中ではこの生成物と未反応エノラートが共存することになり，両者間でアルドール反応やエノラートの交換反応(プロトンが移動することから「プロトン移動」とよばれている)が競争的に進行し，望みの生成物，未反応のカルボニル化合物，ポリアルキル化体の混合物になる可能性がある．

　カルボニル化合物の中で，ケトンはエステルやアミドに比べて $pK_a$ 値が低く，プロトン移動は容易である(図 2.8 上段)．言い換えると，ケトンのアルキル化に使えるアルキルハライドは，MeI や $PhCH_2I$ のように反応性の高いものに限られる．反応性の低い場合，HMPA($(Me_2N)_3P=O$)などの極性分子を加えて，溶媒の極性を上げて反応を加速する必要がある．エステルのアルキル化ではエステルの $pK_a$ 値が高いため，プロトン移動は問題にならない．しかし，アルキル化が遅いと，生成物のエステル基へのエノラートの求核攻撃，すなわち Claisen(クライゼン)縮合が競争するようになる(図 2.8 下段)．この副反応を抑えるため，通常，t-Bu エステルなどのように立体障害の大きなエステルを用いる必要がある．$CO_2Bu^t$ 基は酸性条件下，$CH_2=CMe_2$ を脱

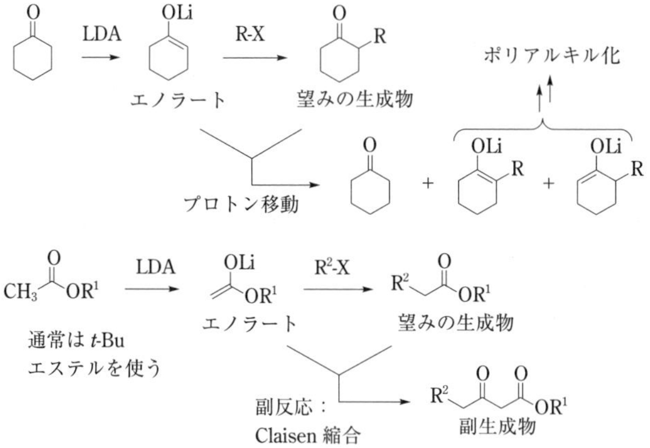

図 2.8　リチウムエノラートのアルキル化と予想される副反応.

離して $CO_2H$ に変換できるほか，ヒドリド($H^-$)還元して $CH_2OH$ にすることも可能である．図 2.4 のマロン酸エステル合成と比べ，段階数が少なく，かつ温和な反応条件を用いるため，実用的な反応の 1 つである．アミドの場合，$pK_a$ 値はさらに高くなり(約 30)，アミド基への求核付加の反応性も低いため，上述した副反応は問題にならないが，アミド基の変換に強酸性または強塩基性条件が必要になる．なお，ホウ素エノラートは反応性が低く，アルキル化反応には使えない．

光学活性なアミドまたはオキサゾリジノンを用いると，リチウムエノラートが固定され，エノラートの一方の面をふさぐことになる．図 2.9 の例では，両エノラートとも下側($Si$ 面)でアルキル化が進行する．アミド生成物(上式)は，アミド基の除去に強酸性または強塩基性条件を使う必要があるため，$\alpha$ 炭素のエピメリ化が懸念され，かつ，共存できる官能基が制限される．これに対して，オキサゾリジノン生成物は温和な反応条件下で，カルボン酸やアルコールに変換できる．

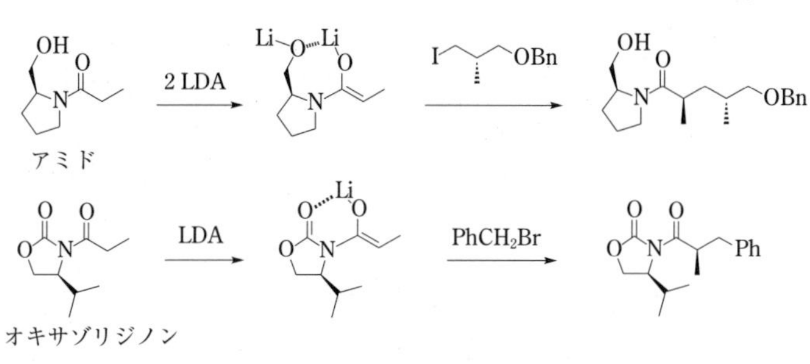

図 2.9　不斉アルキル化反応．

### 2.4.4 エノラートのアルドール反応

アルドール反応は通常,イス型六員環遷移状態(TS)を経由して進行する.そのため,エノラートのオレフィン部分の立体化学(シス,トランス)によって,生成物の立体化学(シン,アンチ)が決まる(図2.10).すなわち,シスエノラートからは遷移状態としてTS-EとTS-Fが考えられるが,反応は$R^1$, $R^2$間の立体反発が少ないTS-Eを通って進行し,シンアルドールを与える.同様にしてトランスエノラートからはアンチアルドールが生成する.ホウ素エノラートとリチウムエノラートを比べると,ホウ素-酸素間の距離はリチウム-酸素間の距離よりも短いため,ホウ素エノラートの$R^1$, $R^2$

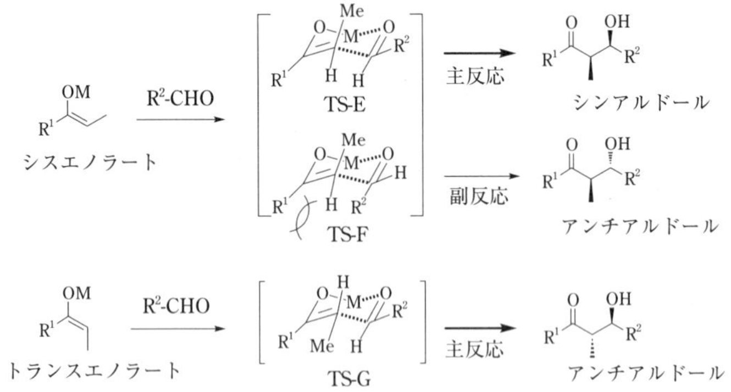

**図2.10** エノラートとアルドール生成物との立体化学的関係.

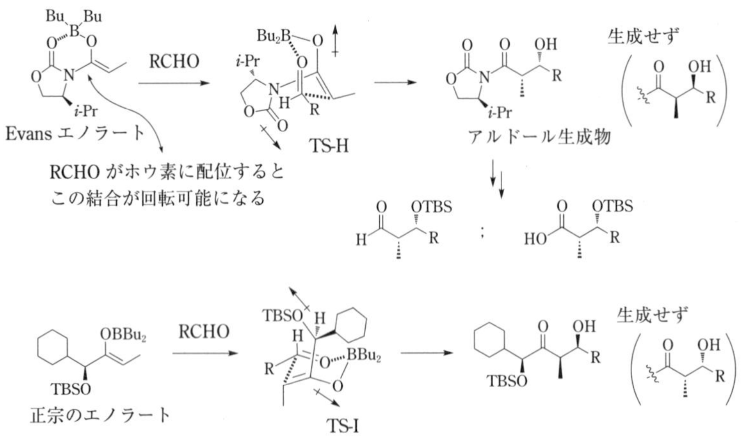

**図2.11** 光学活性なホウ素エノラートを使うアルドール反応.矢印は双極子モーメント,TBS:$t$-BuMe$_2$Si.

間の立体反発は強くなり, そのぶん立体選択性は高くなる.

光学活性なホウ素エノラートを使うアルドール反応の例を, 図 2.11 に示す. アルデヒドが反応するまで, ホウ素はオキサゾリジン環上のカルボニル酸素に配位しているが, アルデヒド酸素に配位すると同時にオキサゾリジン環上のカルボニル酸素との配位は切れて, 双極子モーメントが打ち消しあうコンホマーに変化する. その状態で, アルデヒドとイス型六員環遷移状態 TS-H をとって反応し, アルドールを生成する. 正宗の開発したホウ素エノラートの場合も, 同様な遷移状態 TS-I を経由して反応する.

なお, オキサゾリジノンから調製したホウ素エノラートとリチウムエノラートでは, アルデヒドと反応するエノラート面が逆である(図 2.12). ホウ素エノラートのホウ素はすでに 3 つの原子と結合しており, 酸素との配位は 1 つだけ可能である. 一方, リチウムはより多くの酸素原子と配位可能なためである.

これまで解説してきた反応を活用して, さまざまな生理活性分子が合成されている. 図 2.13 に示す分子の中で, 水酸基とメチル基が交互に並んでいる箇所の構築に, アルドール反応が使われている.

ホウ素エノラート　　　　　　　　　　リチウムエノラート
　　　　　　*Re* 面(紙面の上側)で反応　　　　　　　　*Si* 面(紙面の下側)で反応

**図 2.12**　エノラートが反応する面.

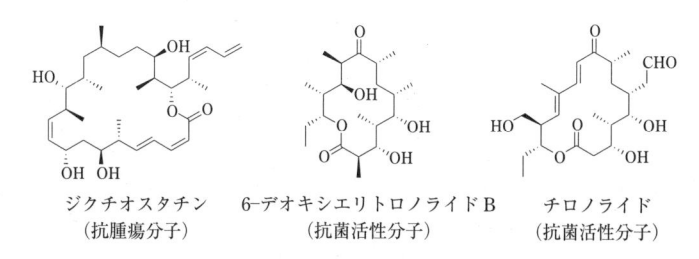

ジクチオスタチン　　　6-デオキシエリトロノライド B　　チロノライド
(抗腫瘍分子)　　　　　(抗菌活性分子)　　　　　　(抗菌活性分子)

**図 2.13**　アルドール反応を利用して合成された化合物の例.

## 2.4.5　エノラート生成時の速度論的支配と熱力学的支配

ケトン($pK_a$ 値 = 20 〜 24)に LDA を反応させると, 図 2.6 に示した遷移状態を経由してエノラートを生成する. この際, 同時に $(i\text{-Pr})_2\text{NH}$ を副生成するが, このアミンの $pK_a$ 値は 37 であり, 逆反応(エノラートのプロトン化)のプロトン源にはならない

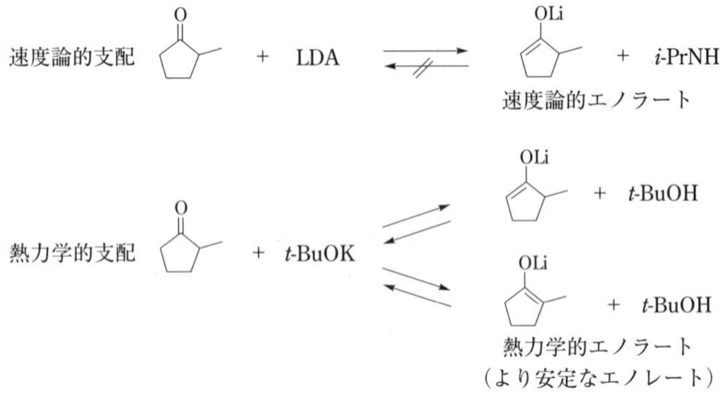

**図 2.14** エノラート生成における速度論的支配と熱力学的支配.

(図 2.14). それゆえ, 一度生成したエノラートは, 安定性に関係なくそのまま存在し, アルキル化やアルドール反応に使用できる. これを速度論的支配(kinetic control)という. 非対称ケトンの場合, 立体的に空いている位置にある水素が非可逆的に脱プロトン化される. 一方, LDA をケトンよりも少なく用いる場合や t-BuOK(t-BuOH の p$K_a$ 値は 19)を用いる場合, 生成したエノラートは少量残っているケトンや t-BuOH によってプロトン化されるため, 反応系は可逆的になり熱力学的に最も安定な多置換エノラートを生成する. これを熱力学的支配(thermodynamic control)という. 図 2.15 に, 速度論的支配下で調製したリチウムエノラートのアルドール反応の例を示す. このアルドール生成物から, 動脈硬化の原因物質の 1 つと考えられているエポキシイソプロスタンホスファチジルコリンが合成されている. この合成の最終段階では, カルボン酸とリゾホスファチジルコリン(lyso-PC)を, 山口試薬を使って縮合している. lyso-PC との縮合に, 一般的な DCC では反応しなかったためである.

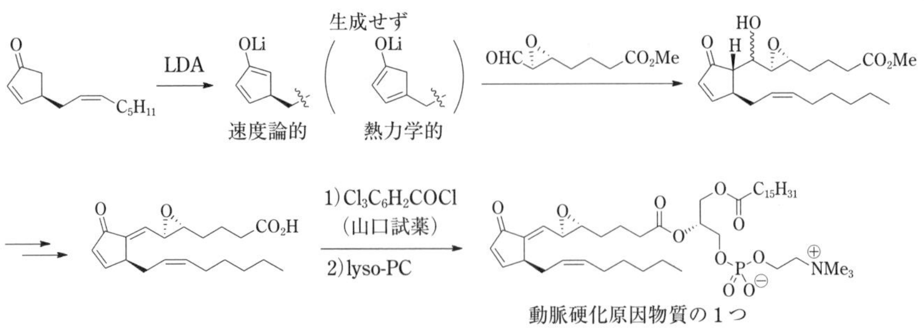

**図 2.15** 速度論的支配下でのエノラート生成と応用.

## 2.4.6 エノンのγ位での置換

図 2.16 に示すシクロヘキセノンを例に解説する．求電子試薬 $E^+$（アルデヒドやアルキルハライド）をエノンのγ位で反応させるためには，熱力学的支配下でジエノラートを調製する必要があるが，α位でも反応してしまうため，位置異性体の混合物を与える．解決法として，3-アルコキシシクロヘキセノンから動力学的支配下で調製したエノラートに $E^+$ を反応させ，続いてケトンを還元し，酸性にすると，エノールエーテルの加水分解と脱水が進行し，目的化合物が得られる．$E^+$ としてアルデヒドを使いシクロバクチオール B や $trans$-$\Delta^9$-THC が合成されている．アルキルハライ

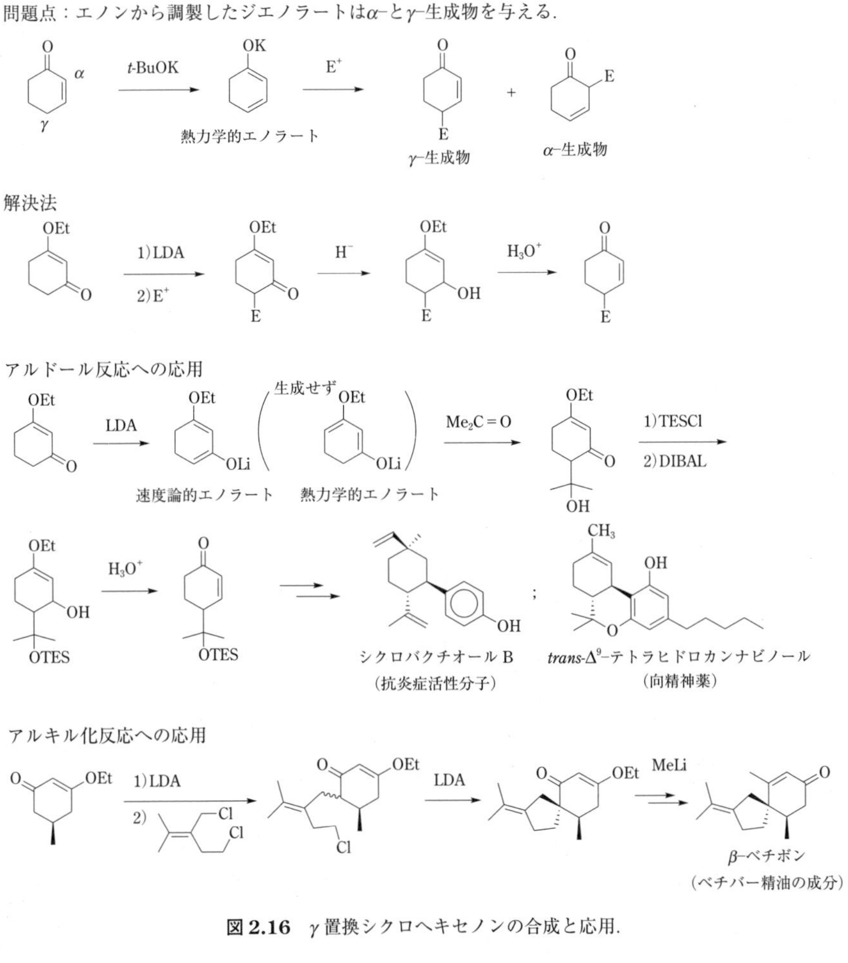

**図 2.16** γ置換シクロヘキセノンの合成と応用．

ドとの反応を活用するβ-ベチボンの合成では，Me基がスピロ環の立体化学を正しく制御している．

## 2.5 α, β-不飽和カルボニル化合物（エノン）を利用する位置選択的エノラートの調製と反応

### 2.5.1 エノンの還元的アルキル化

エノンに金属リチウムを作用させると二重結合が還元され，同時にエノラートが生成する（図2.17）．求電子試薬として，$n$-BuI などのアルキルハライドばかりでなく，カルボニル化合物や別のエノンも使える．この反応では，金属リチウムから出た電子がエノン部分に付加してラジカルアニオンを生じ，これが $t$-BuOH からプロトン（H$^+$）を受けとってラジカルに変化し，さらに電子を受取りエノラートに変化している．

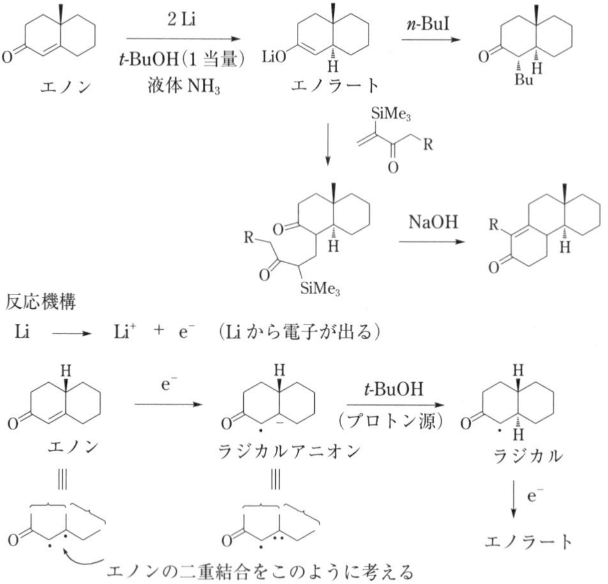

**図2.17** エノンの還元的アルキル化．

この反応では，二重結合のある側に位置選択的にエノラートを調製できる特長がある．これに対し，(2.5)式に示す非対称のケトンの脱プロトン化では，2種類のエノラー

トの生成を制御できない．

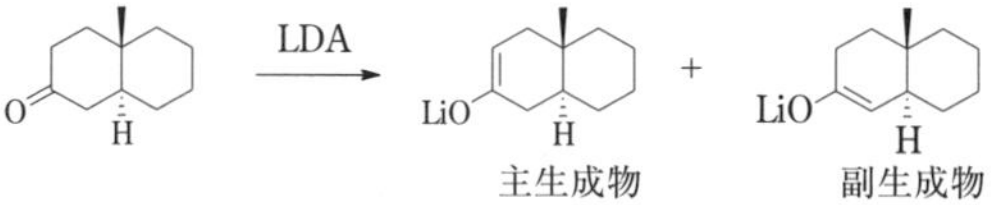

$$\text{(2.5)}$$

### 2.5.2 エノンの 1,4-付加反応を利用するエノラートの生成と反応

有機銅試薬はエノンに 1,4-付加し，エノラートを与える（図 2.18）．エノンの還元的アルキル化の場合と同様，位置選択的にエノラートを調製できる．しかし，カウンターカチオン（$M^+$）の影響により，エノラートはアルデヒドとしか反応できなかった．この欠点を解消するため，[R-ZnEt$_2$]$^-$Li$^+$ 試薬が開発された．これを使うと，1,4-付加とそれに続くエノラートのアルキル化が可能になる．なお，エノンの近傍や有機銅試薬がかさ高いために，1,4-付加の反応性が低下している場合，ルイス酸を使う活性化が報告されているが，生じたエノラートの反応性はさらに低下してしまう．

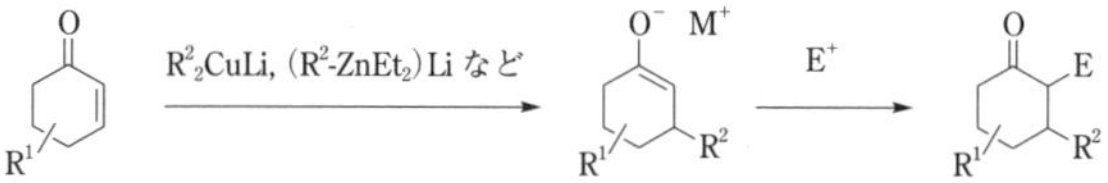

**図 2.18** エノンへの 1,4-付加反応を利用するエノラートの生成．

この反応を活用するプロスタグランジン E$_2$ の合成を，図 2.19 に示す．試薬の Zn には Et 基とアルケニル基が結合しているが，後者が選択的に反応している．なお，Zn 試薬が開発される前は，有機銅試薬を 1,4-付加し，生成したエノラートにホルムアルデヒドを反応させ，α 位に CH$_2$OH がついたアルドール生成物を脱水してエキソエノンを合成し，そこに α 側鎖を導入していた．

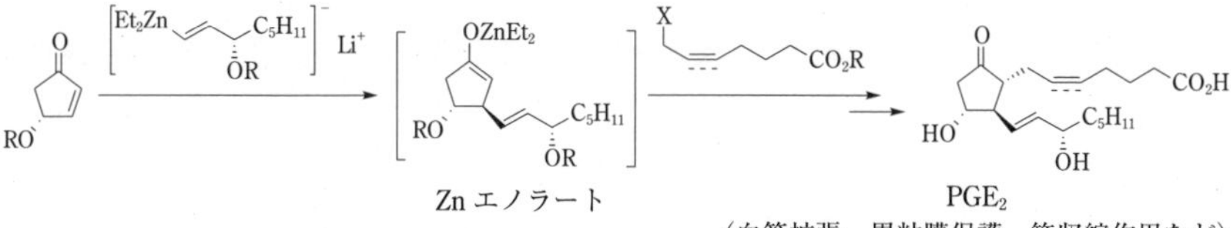

**図 2.19** プロスタグランジンの三成分連結法．

## 2.6 カルボニル化合物への付加反応

α 位に置換基をもつアルデヒドやケトンと，求核試薬 Nu（RLi, RMgX, H$^-$，エノラー

ト など)との求核付加反応では,2つのジアステレオマーを与える.このうちどちらの立体異性体が主生成物になるかについて,最初に考察したのがD.J. Cramである.Cram(クラム)は,カルボニル化合物のα置換基をアルキル基とアルコキシ基の場合に分け,それぞれについてキーとなる配座(非環状型と環状型)を提案し,立体障害の少ない側から求核試薬が反応すると考えた(図2.20).Cramの提唱した非環状型(Cramモデル)では,最も大きな置換基LとRとが重なる配座をとり,これに対してNuがカルボニル基の真上と真下から近づくと仮定し,立体障害の少ない真上からの攻撃が優先すると仮定した.一方,α位にアルコキシ基(OR)をもつカルボニル化合物の場合,求核試薬の金属カチオン($M^+$)とのキレート化によって環状構造をとり,立体的に空いている方向からNuが近づくと考えた.

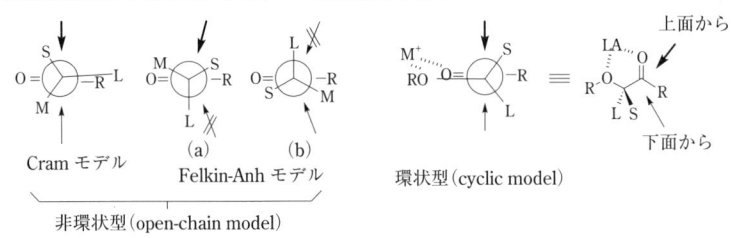

**図 2.20** カルボニル化合物への付加反応.L, M, S は置換基の大きさを表す.L: large, M: medium, S: small.

その後Felkinは,非環状型として図2.20の(a),(b)を提案した.このモデルでは,Lがカルボニル基に対して90°の方向を向き,Nuは矢印の方向(カルボニル酸素から見て109°の方向)から近づく.そしてモデル(a)と(b)のうち,置換基(MまたはS)との立体障害の少ない(a)を経由する反応が優先すると考えた.のちにAnhは,Felkinのモデルが最安定配座に近いことを計算によって確かめた.α位にアルコキシ基(OR)をもつカルボニル化合物の場合でも,金属カチオンのルイス酸性が弱く,かつアルコキシ基がシリルエーテルのように金属カチオンと配位しにくい場合,LをORに置き換えて考察すればよい.この場合,環状型を経由して得られる生成物とは逆の立体異性体を与える.

現在でも立体選択性を議論するときには「Cram則」を使うが,最安定配座に対しては「Felkin-Anh(フェルキン-アン)モデル」を使うことが多い.なお,Cram則は主生成物を定性的に予測する法則であり,選択性(ジアステレオマーの割合)を定量的に見積もることはできない.

次に具体的な反応例を示す．一般に非環状型での立体選択性は低いが，かさ高い置換基をもつケトンやアルデヒドの場合，選択性が高くなる(図2.21)．シリルビニル基はさまざまな官能基に変換できるばかりでなく，炭素鎖伸長の起点にもなる(変換は省略)．環状型でも高い選択性が得られる(図2.22)．この反応を活用する生理活性化合物の合成は多数報告されており，図2.23に一例を紹介する．

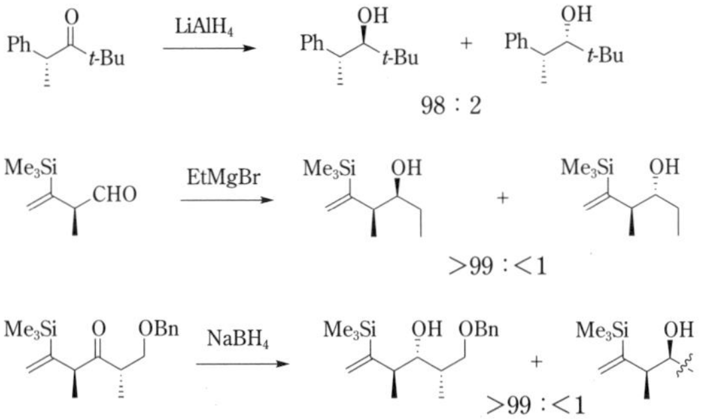

**図 2.21** 非環状型を経由する反応．

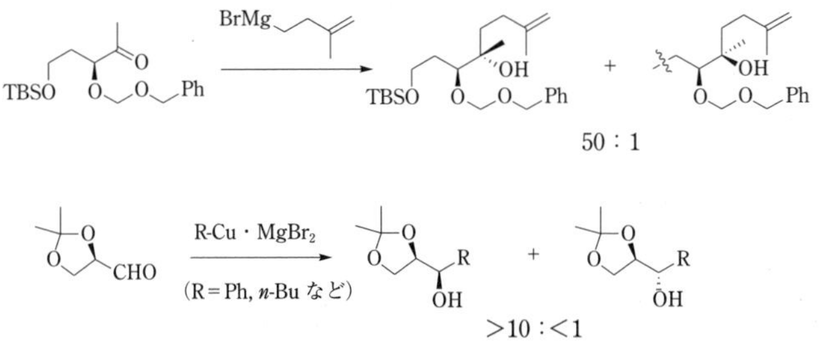

**図 2.22** 環状型を経由する反応．

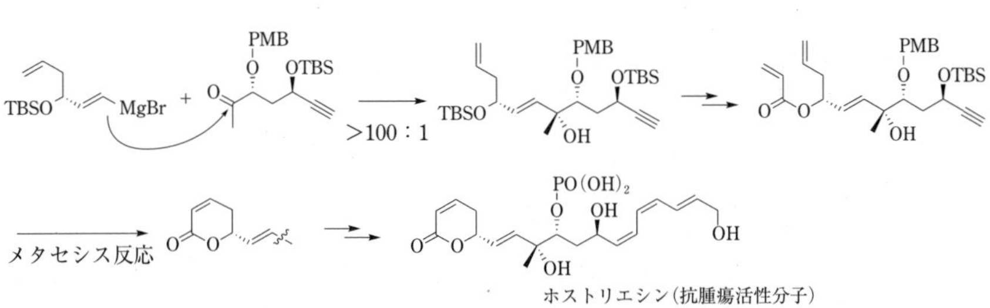

**図 2.23** 環状型を経由する反応例．PMB：$p$-MeOC$_6$H$_4$CH$_2$，TBS：$t$-BuMe$_2$Si．

## 2.7 Wittig 反応

ホスホニウム塩に強塩基($n$-BuLi, LDA など)を作用させて脱プロトン化すると，イリドが生成する．このイリドとカルボニル化合物からオレフィンを合成する反応が，Wittig(ウィッティッヒ)反応である(図2.24)．操作手順として，$-78℃$付近の低温下，イリドとオレフィンを反応させて，付加中間体(ベタイン)を合成する．その後，徐々に昇温すると(ⅰ)〜(ⅲ)の段階が進行してオレフィンになる．カルボニル基とイリド間に確実にオレフィンを構築できることから，有機合成に広く用いられている．

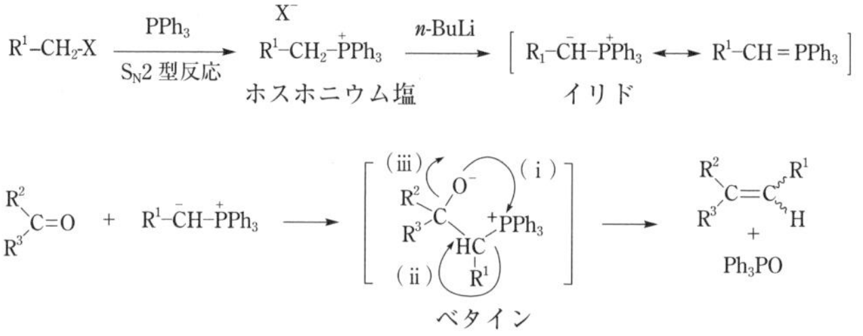

**図2.24** Wittig 反応の概略．

アルデヒドを用いると，図2.25のように反応して立体選択的にシスオレフィンを与える．この反応を活用して炎症を能動的に止めるレゾルビンE2が合成されている

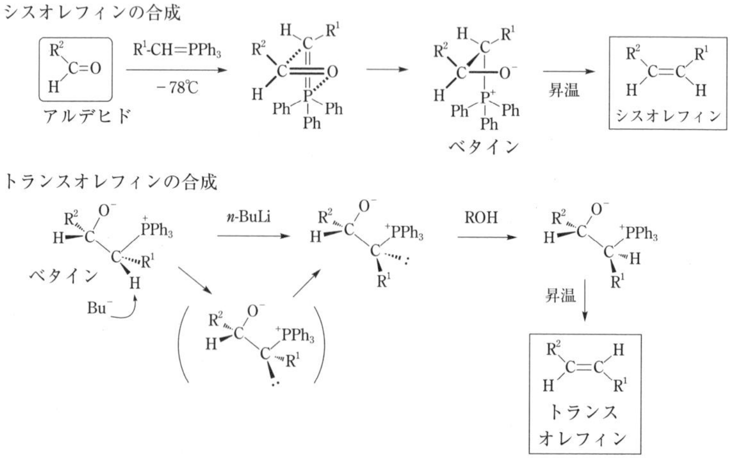

**図2.25** アルデヒドからシスオレフィンとトランスオレフィンの合成．

(図 2.26). また，ベタインの $O^-$ と $P^+$ が近づいた状態のとき（オレフィンになる前）に n-BuLi などの強塩基を作用させると，リン原子のついている炭素上の水素が脱プロトン化され，生じたアニオンの立体化学が反転し，$R^1$ と $R^2$ の立体反発が解消される．その後，ROH を加えてアニオンをプロトン化し昇温すると，トランスオレフィンが立体選択的に生成する（図 2.25）．ステロイドの合成でこの手法が使われている（図 2.26）．

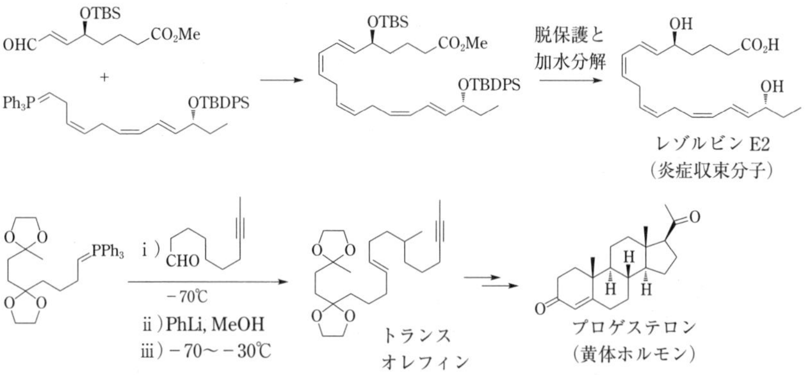

**図 2.26**　Wittig 反応を活用する生理活性化合物の合成．

β-カルボニルイリドや β-ホスホン酸カルボニルから調製したアニオンも，イリドと同様に反応してオレフィンを与える．この場合，アニオンはカルボニル基と共役してエノラート構造をとって安定化するため，アルデヒドに付加した反応中間体と出発物質（アルデヒド＋アニオン）の間が可逆になる（図 2.27）．そのため，オレフィンを生成する遷移状態が律速段階になり，エネルギーの低い遷移状態を通ってトランスの α, β-不飽和カルボニル化合物が生成する．ホスホネートを利用する反応は，Horner-Emmons（オーナー–エモンズ）反応，Horner-Wadsworth-Emmons（オーナー–ワーズワース–エモンズ，HWE）反応，もしくはこれらに Wittig を加えた名称でよばれている．

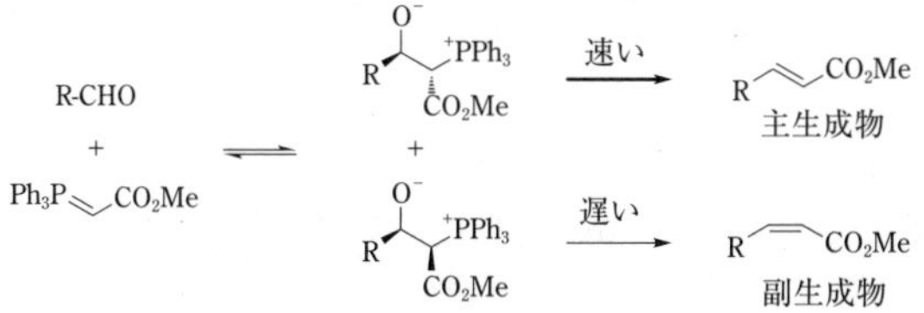

**図 2.27**　トランスオレフィンの合成．

上述した Wittig 反応を利用するプロスタグランジン $F_{2\alpha}$ とロイコトリエン $A_4$ の合成を，図 2.28, 2.29 に示す．いずれのオレフィンも立体選択的に構築されている．

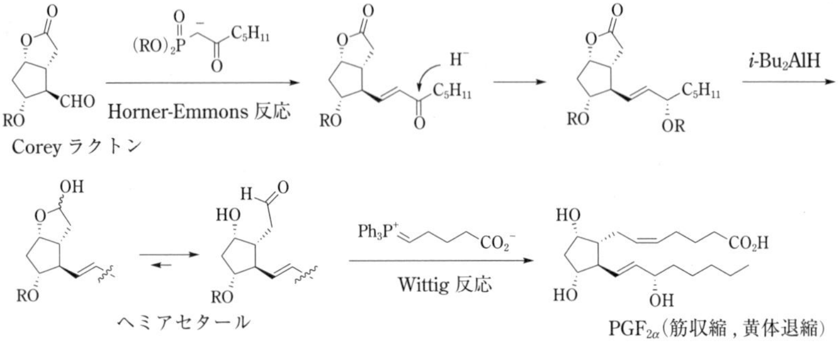

**図 2.28** プロスタグランジン $F_{2\alpha}$ の合成．

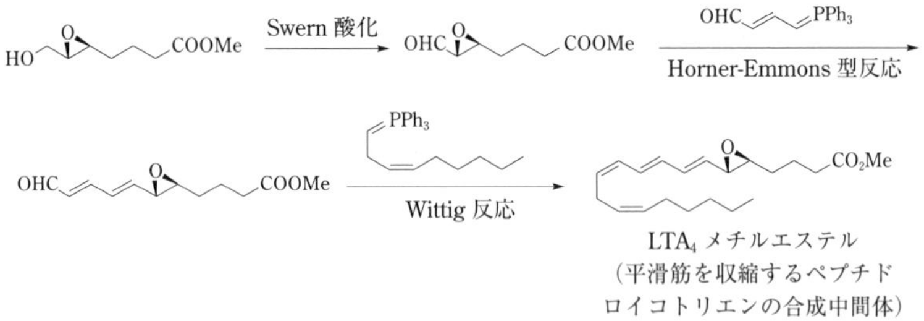

**図 2.29** ロイコトリエン $A_4$ の合成．

図 2.27 の反応とは逆に，平衡になる前にオレフィンを生成すれば，シス型の $\alpha, \beta$-不飽和エステルを合成できる．図 2.30 に具体的な反応例を示す．$(CF_3CH_2O)_2P(O)$-

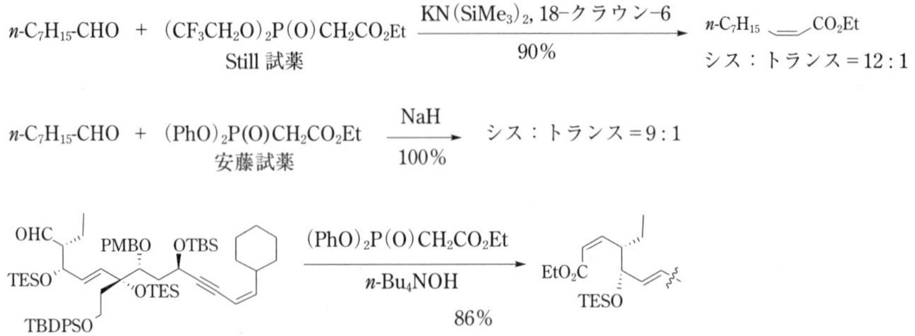

**図 2.30** シス $\alpha, \beta$-不飽和エステルの合成．

CH$_2$CO$_2$Et と KN(SiMe$_3$)$_2$ を用いる反応では，電子求引性の CF$_3$CH$_2$O 基を入れてリン原子上の求電子性を上げ，一方で 18-クラウン-6 を加えて K$^+$ を捕捉して，ベタインのアルコキシアニオンの反応性を高めている．しかし，18-クラウン-6 は高価であり，かつ毒性も強い．最近ではこれに代わる試薬として，(PhO)$_2$P(O)CH$_2$CO$_2$Et と NaH（もしくは Bu$_4$NOH）を使う方法が開発されている．現在，この試薬は安藤試薬して多用されている．

　以上，第 2 章では，カルボニル化合物の反応の中から，エノラートの反応，カルボニル化合物への付加反応，Wittig 反応について概説してきた．このほか，$\alpha, \beta$-不飽和カルボニル化合物への 1,4-付加反応，エノラートから調製したトリフレートのカップリング反応，アルデヒドからアセチレンへの変換反応，アルドール反応の不斉反応版，他の官能基への変換など，重要な反応は多数ある．これらの反応については専門書などで学んでほしい．

# 3 カルボン酸の活性化
## ——ペプチド化学への展開

　ポリペプチド(タンパク質)の化学合成は，アミノ酸間のペプチド結合の形成により行われる．現在，研究室レベルでのペプチド合成は，固相担体上で行う方法(固相法)が一般的であるが，工業的に大量合成する際は，通常の有機合成と同様の溶液中での反応(液相法)も利用される．両方とも，アミノ酸の $\alpha$ カルボン酸の活性化が重要な段階である．活性化されたカルボニル基へのアミノ酸アミンの求核攻撃により，ペプチド結合を生成させる．ここでは，ペプチド合成に利用される基本的なカルボン酸の活性化方法について解説し，生体分子としてのペプチドの合成方法の基盤について理解することを目的とする．ペプチド合成において利用するカルボン酸の活性化方法は，生物化学で多用するリシン側鎖などアミノ基を修飾する化学反応にも利用されている．

## 3.1 カルボン酸の活性化とペプチド結合形成反応

　ペプチドの合成は，アミノ基を保護したアミノ酸のカルボン酸を活性化し，カルボン酸が保護された別のアミノ酸アミノ基の求核攻撃により，ペプチド結合を形成させることにより行われる(図3.1)．ペプチド合成に用いるカルボン酸の活性化方法には，活性エステル法，酸無水物法，アジド法，カルボジイミド法などがある．以下に各方法の解説と実験手法を記述する．

### 3.1.1 酸無水物法

　酸無水物法には，対称と非対称のものがあり，後者の混合酸無水物法は，1世紀も前に考案されたペプチド結合生成方法の最も古いものの1つである．アルキルクロロホルメート，とくにイソブチルクロロホルメートを用いる方法が，操作が確定していてよく用いられてきた(図3.2)．実際の操作を以下に記す．

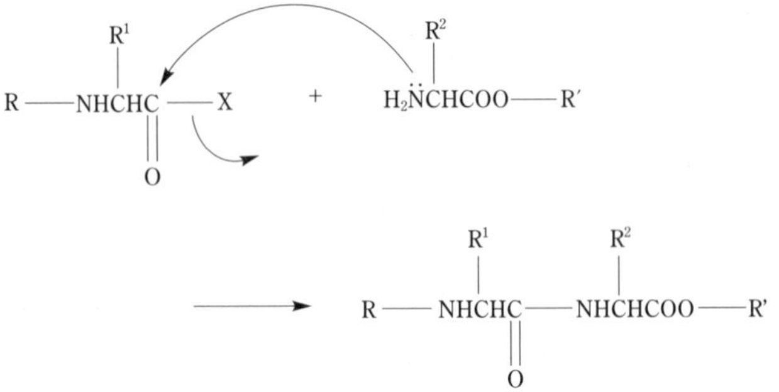

## 3 カルボン酸の活性化

**図 3.1** ペプチドの合成（カルボニルの活性化）。活性化カルボニルへのアミンの求核置換反応により，アミド結合（ペプチド結合）を形成させる。

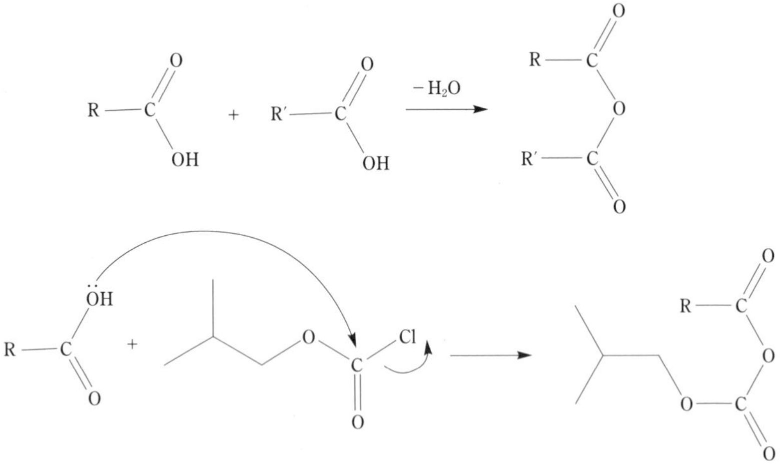

**図 3.2** カルボン酸の混合酸無水物とイソブチルクロロホルメートを用いる合成。

[実験例 1] イソブチルクロロホルメートを用いる混合酸無水物法

 Z-L-アミノ酸(0.01 モル)のテトラヒドロフラン溶液(20 mL)にトリエチルアミン(0.01 モル)を加えて，−15°Cに冷却する。この溶液にイソブチルクロロホルメート(0.01 モル)を加え，5〜10 分撹拌すると全体がゲル状に固化する。これに L-アミノ酸-OBzl(0.01 モル)とトリエチルアミン(0.01 モル)のクロロホルム溶液(20 mL)を加えて冷却下 1 時間，室温で一晩撹拌する。全体を減圧濃縮し，残査を酢酸エチルに溶解し，分液ロートを用いて酸，塩基洗浄する。酢酸エチル溶液を減圧濃縮し，残査に石油エーテルを加えて結晶化させ，Z-ジペプチド-OBzl を得る。収率は約 80% である。

 ここで，Z：ベンジルオキシカルボニル，OBzl：ベンジルエステルである。

対称酸無水物法は，N,N-ジシクロヘキシルカルボジイミド(DCC，3.1.4項参照)の縮合試薬を用いて，活性中間体として合成される(図3.3)．使用する保護アミノ酸が2倍量必要となるが，DCCのみの場合に比べてペプチド結合生成反応の収率がよいことから，初期の固相ペプチド合成(SPS)で頻繁に採用された．

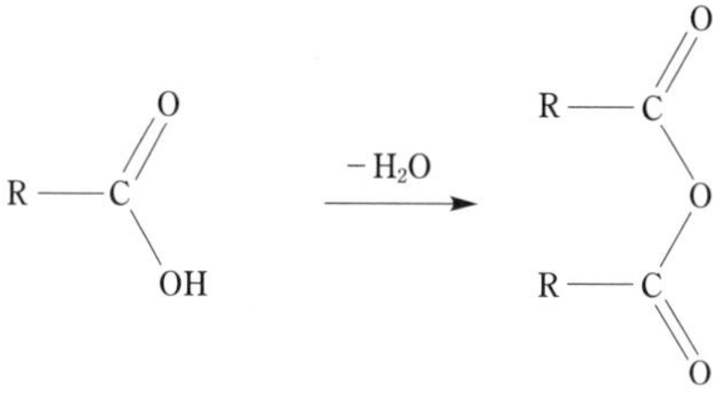

**図3.3** カルボン酸の対称酸無水物．

$N$-カルボキシ無水物(NCA)は，大量合成が容易であり，高分子量のポリアミノ酸(単一アミノ酸のホモポリマー)を合成するために多用される(図3.4)．NCAの合成には，毒ガスであるホスゲンが必要であったが，現在は安全に利用できるジ-$t$-ブトキシトリカルボナートを利用して簡便に合成される．ベンジル-L-グルタミン酸NCAを原料にして，ポリベンジル-L-グルタミン酸の高分子が合成される．

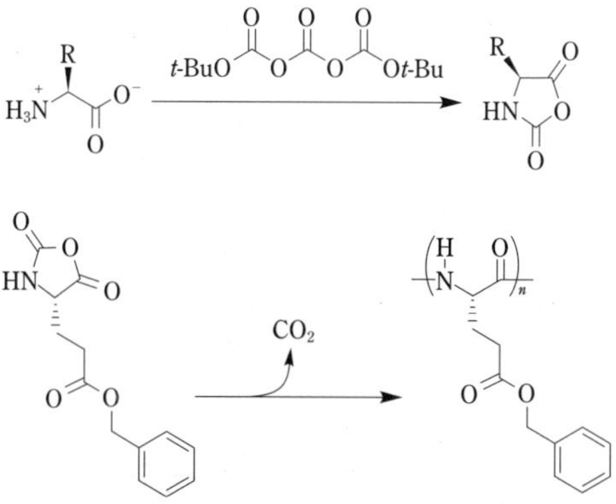

**図3.4** ジ-$t$-ブトキシトリカルボナートを利用するアミノ酸NCAの合成，ベンジル-L-グルタミン酸NCAからポリベンジル-L-グルタミン酸の合成．

## 3.1.2 活性エステル法

保護アミノ酸の活性エステルは，ペプチド結合生成のための安定な粉状の中間体として保存・利用できるため，便利である(図3.5)．活性エステルとしては，$p$-ニトロ

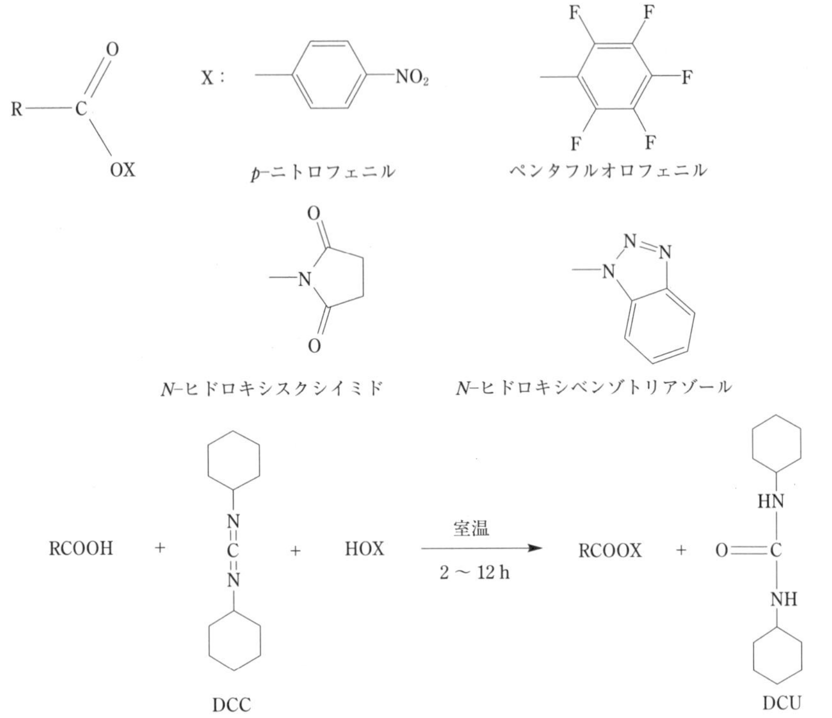

3 カルボン酸の活性化

**図3.5** 種々のカルボン酸活性エステルとDCCを用いる合成. DCC：*N*,*N*-ジシクロヘキシルカルボジイミド，DCU：*N*,*N*-ジシクロヘキシルウレア.

フェニルエステル，ペンタフルオロフェニルエステルや*N*-ヒドロキシスクシンイミド(HOSu)が多用される．保護アミノ酸の活性エステルは，該当するアルコールとアミノ酸から縮合試薬であるDCCを用いて合成する．HOSuエステルの合成法とペプチド合成の実験例を[実験例2]に示す．活性エステルを利用する方法は，いったん活性体を単離しているので，カルボキシ末端を無保護で取り扱うことができる点も，便利である．

HOSuエステルや*N*-ヒドロキシベンゾトリアゾール(HOBt)エステルなどN原子を含む活性エステルは，二価官能性活性エステルともいわれる．ペプチド結合形成反応において，オキサゾロン誘導体(図3.9参照)を生成しにくく，ラセミ化を抑制する能力を有している．

[実験例2]DCCを用いる*N*-ヒドロキシスクシンイミドエステル(-OSu)の合成とペプチド合成(遊離アミノ酸の使用)

Boc-L-Ala(0.01モル)とHOSu(0.01モル)とをDMF(10 mL)に溶かし，0℃でDCC

(0.01 モル)を加え,氷例下2時間〜一晩撹拌する.DCU を除去し,沪液を減圧濃縮し,Boc-L-Ala-OSu を得る.収率は 80〜90% である.Boc-L-Ala-OSu(0.01 モル)のアセトニトリル溶液(10 mL)を,L-Ala(0.011 モル)とトリエチルアミン(0.011 モル)の水溶液(5 mL)に加えて,室温で3時間〜一晩撹拌する.溶液を酢酸エチルに加えて,分液ロートを用いて 10% クエン酸水,水で洗浄し,酢酸エチル溶液を減圧濃縮し,残査に石油エーテルを加えて結晶化させ,Boc-L-Ala-L-Ala を得る.収率は約 80% である.

### 3.1.3 アジド法

アジド法は,T. Curtius によって1世紀以上前の 1902 年に開発されたペプチド結合生成反応である.アミノ酸のアジドの調製は,保護アミノ酸エステルをヒドラジンによってヒドラジドとし,これを亜硝酸によりアジドに導く(図 3.6).アジド法は,ラセミ化を抑制する(オキサゾロン誘導体(図 3.9 参照)を生成しにくい)方法として,フラグメント縮合に多用された.これは図 3.6 に示すように,アジドがアミン誘導体を近接させることによりアミノリシス反応を加速させていることに起因していると,推定されている(HOSu や HOBt など二価官能性エステルも類似の機構が考察されている).アジド法は操作がはん雑なので,現在はあまり利用されない.

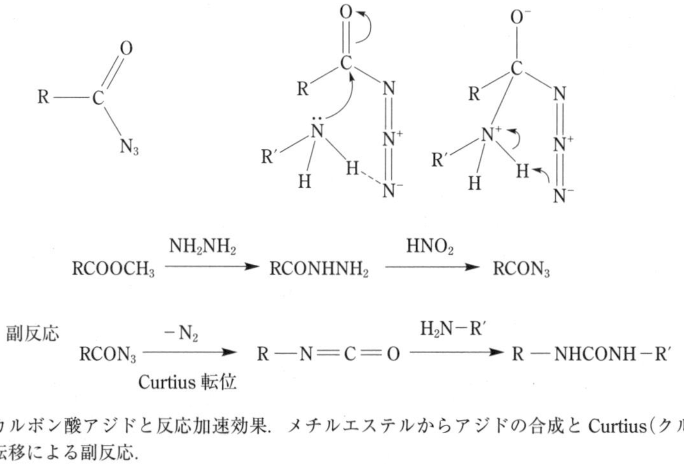

$$RCOOCH_3 \xrightarrow{NH_2NH_2} RCONHNH_2 \xrightarrow{HNO_2} RCON_3$$

副反応 $RCON_3 \xrightarrow{-N_2} R-N=C=O \xrightarrow{H_2N-R'} R-NHCONH-R'$
Curtius 転位

**図 3.6** カルボン酸アジドと反応加速効果.メチルエステルからアジドの合成と Curtius(クルチウス)転移による副反応.

### 3.1.4 カルボジイミド法

$N,N$-ジシクロヘキシルカルボジイミド(DCC)に代表される縮合試薬は,操作の簡便性から現在もペプチド合成に多用される.DCC は,1952 年に H.G. Khorana によっ

て初めてオリゴヌクレオチド合成に利用され，その後1955年にJ.C. Sheehanによりペプチド合成にも応用されて，以降広く利用されている．DCCの反応機構を図3.7に示す．副生する N,N-ジシクロヘキシルウレア(DCU)が溶媒に不溶性のため，沈殿として濾過により除去できるので便利である．しかし，固相法では，容器のフィルターの目詰まりの原因になるので，可溶性の N,N-ジイソプロピルカルボジイミド(DIC)を用いる(図3.8)．また水溶性の EDC(WSCともいう)は，タンパク質の修飾反応にも多用される縮合試薬である(3.3.1項参照)．

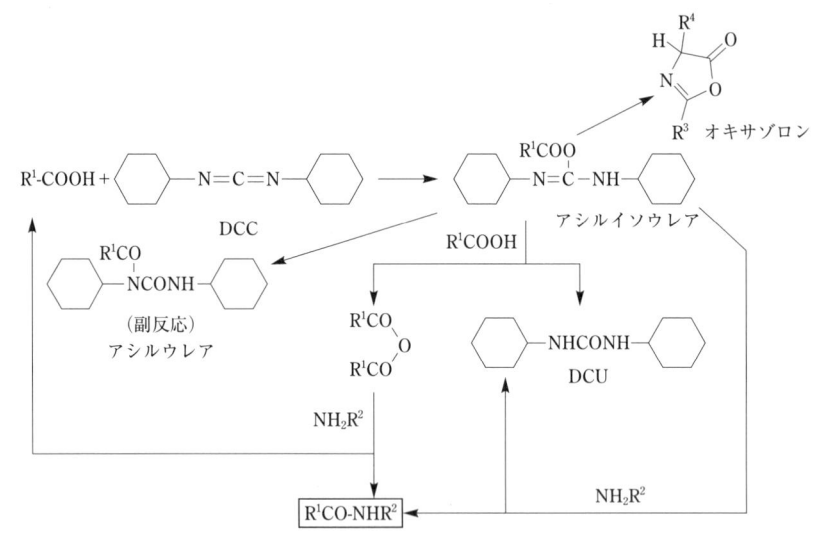

**図3.7** DCCの反応機構．右上の化合物(オキサゾロン)が生成するとラセミ化の原因となる．左の副反応物はアシルウレアであり，これ以上反応しない．

**図3.8** 種々のカルボジイミド．DCC：N,N-ジシクロヘキシルカルボジイミド，DIC：N,N-ジイソプロピルカルボジイミド，EDC：1-エチル-3-(3-ジメチルアミノプロピル)カルボジイミド塩酸塩(水溶性カルボジイミド(WSC))ともいう．

## 3.1.5 アミノ酸のラセミ化

ペプチド結合生成のアミノ酸カップリングの際に，アミノ酸がラセミ化する副反応

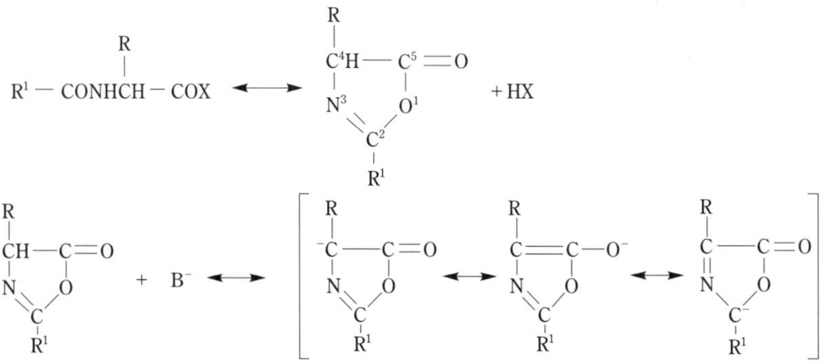

3.1 カルボン酸の活性化とペプチド結合形成反応

$$R^1-CONHCH(R)-COX \longleftrightarrow \text{[oxazolone]} + HX$$

**図 3.9** オキサゾロン誘導体の生成と共鳴安定化(下図)により，$\alpha$ プロトンが引き抜かれることで起こるラセミ化．

が起こる場合がある．このおもな原因は，過剰の塩基による $\alpha$ プロトンの直接引き抜き以外に，図 3.9 に示すように，活性化アミノ酸からオキサゾロン誘導体を経由する反応が起こるからである．過剰の塩基の使用や必要以上の加熱は避け，氷冷下で反応を行うのがよい．

## 3.1.6 その他の高性能縮合試薬

現在でも，DCC をはじめカルボジイミド縮合試薬は，よく利用されている．アミノ酸のカップリング(縮合)の場合は，近年，二価官能性活性エステルの一種である，$N$-ヒドロキシベンゾトリアゾール(HOBt)エステルを中間体として経由する方法が，反応時間も短く多用される．実際の実験操作は，DCC や DIC などのカルボジイミドの添加剤として，HOBt を 1 当量加える(DCC-HOBt 法，図 3.10)．

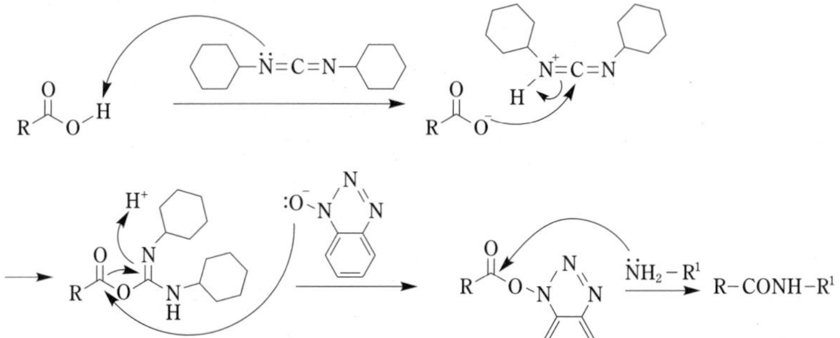

**図 3.10** DCC-HOBt 法による縮合反応．

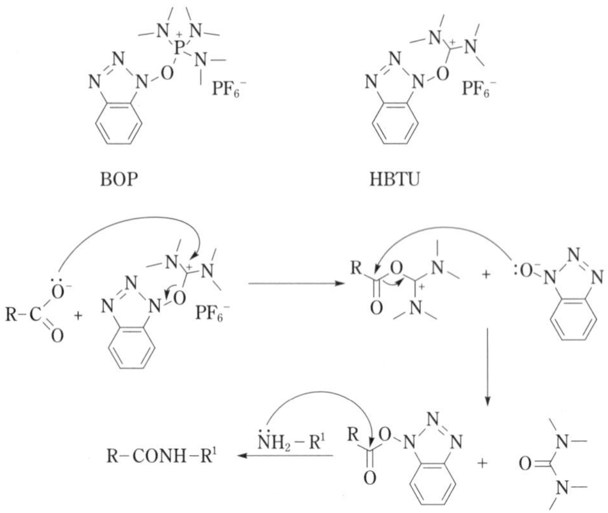

3 カルボン酸の活性化

**図 3.11** 最新の BOP, HBTU 縮合試薬と HBTU-HOBt 法による縮合反応. BOP：(ベンゾトリアゾール-1-イルオキシ)-トリス(ジメチルアミノ)ホスホニウム・ヘキサフルオロリン酸塩(発がん性のヘキサメチルリン酸トリアミドが複製するので注意), HBTU：2-(1H-ベンゾトリアゾール-1-イル)-1,1,3,3-テトラメチルウロニウム・ヘキサフルオロリン酸塩.

その後，カップリングの反応時間や収率を向上させるように，中間体に HOBt エステルを経由する高性能縮合試薬 BOP や HBTU などが開発され，現在，多用される方法となった(図 3.11). 実際の方法では，さらなる反応速度向上を目的にして，HBTU に HOBt を添加した HBTU-HOBt 法が一般的である.

## 3.2 ペプチド合成の実際

ここまでは，カルボン酸の活性化によりアミド(ペプチド)結合を生成する種々の方法について述べてきた．以下は，実際に行われるペプチド合成について，固相法と液相法に分けて，全体像を解説する．

### 3.2.1 固相法

現在，実験室レベルでのペプチド合成のほとんどは固相法(SPS)により行われている．ペプチド固相合成法には，R.B. Merrifield(1984 年ノーベル化学賞受賞)により 1963 年に基本的原理が開発された Boc(*t*-ブチルオキシカルボニル)法と，その後，操作性を増した Fmoc(9-フルオレニルメチルオキシカルボニル)法がある．Boc 基や Fmoc 基は，通常の有機合成にも使用されるアミノ基の保護基である．これら 2 つの

## 3.2 ペプチド合成の実際

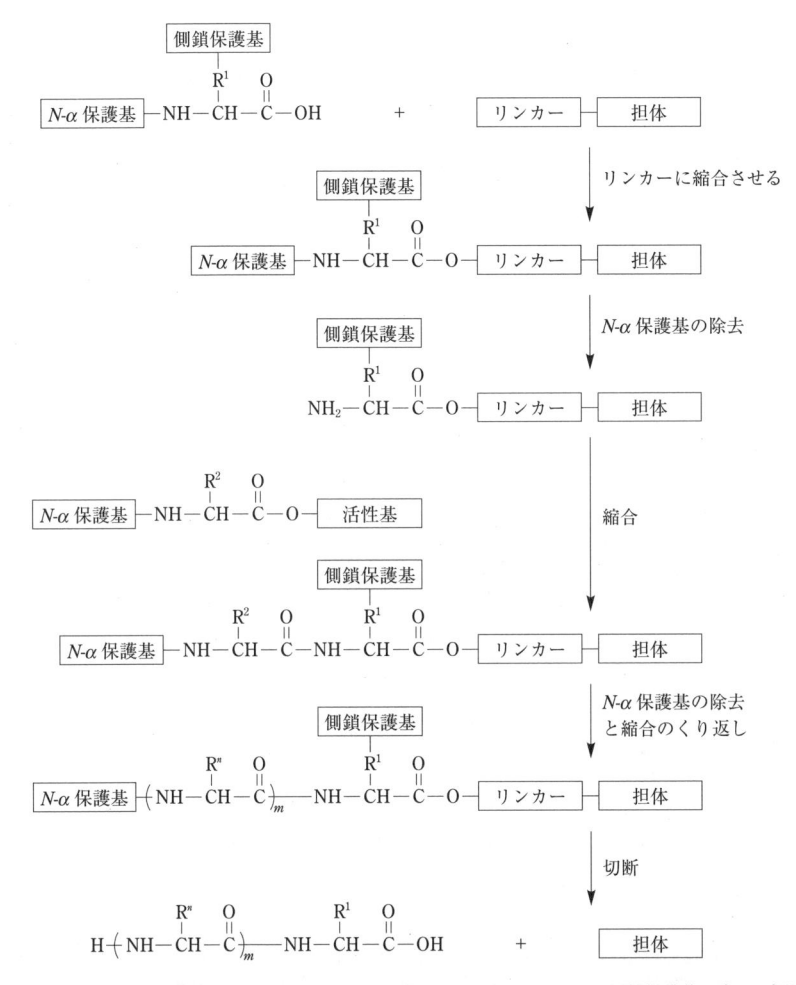

**図 3.12** ペプチド固相合成の通常操作. $N$-$\alpha$ 保護基：Boc または Fmoc，側鎖保護基：表 3.2 参照.

方法の基本的な操作は，図 3.12 に示すように同様である．違いは，Boc 基がトリフルオロ酢酸(TFA)などの酸で除去されるのに対して，Fmoc 基はピペリジンなどの塩基により除去され，遊離のアミノ基を与える．

したがって，SPS 用の固相担体(樹脂)は Boc 用と Fmoc 用に分けて使用される(表 3.1)．さらに，それぞれの固相担体は，架橋ポリスチレン樹脂(通常架橋度 1% が使用される)上のリンカーを使い分けることにより，ペプチド C 末端カルボン酸合成用とアミド合成用の 2 種類がある．

固相法の最大の利点は，操作が簡便・迅速，画一的であり，自動化(ロボット合成)

表3.1 Boc用とFmoc用樹脂（C末端カルボン酸用とアミド用の2種がそれぞれある）

| C末端 | Fmoc法樹脂 | Boc法樹脂 |
|---|---|---|
| カルボン酸 | Fmoc-AA-CO₂-CH₂-⟨⟩-OCH₂-⟨⟩-Ⓟ<br>$N$-$\alpha$-Fmocアミノ酸Wang樹脂 | Boc-AA-CO₂-CH₂-⟨⟩-Ⓟ<br>$N$-$\alpha$-Bocアミノ酸Merrifield樹脂 |
| アミド | (CH₃O)₂C₆H₃-CH(NH-CO-AA-Fmoc)-⟨⟩-O-CH₂-Ⓟ<br>$N$-$\alpha$-FmocアミノRinkアミド樹脂 | Boc-AA-CO-NH-CH(⟨⟩-CH₃)-⟨⟩-Ⓟ<br>$N$-$\alpha$-BocアミノMBHA樹脂 |

が可能な点である．そのために，99％以上のカップリング収率を達成させるための方法が工夫されてきた．通常，保護アミノ酸と縮合試薬を3当量以上使用し，カップリング時間は15〜30分程度であり，Boc基やFmoc基を除去する操作（脱Boc，脱Fmocという）や種々の洗浄操作を加えても，1アミノ酸の伸長反応にかかる時間は1時間程度である．つまり，24時間で24アミノ酸の伸長が可能となる．SPS法により，種々の自動合成機が開発され，通常50アミノ酸残基程度までのペプチドは日常的に合成でき，業者へ発注するカスタム合成も可能になっている．SPSは，図3.12に示すように，C末端アミノ酸からN末端方向に順次1アミノ酸ずつ伸張させていく．アミノ酸側鎖のアミノ基（Lys），カルボン酸（Glu, Asp），ヒドロキシ基（Ser, Thr, Tyr），チオール基（Cys），イミダゾール基（His），グアニジノ基（Arg），インドール基（Trp）など副反応を起こす官能基は，すべて保護する必要がある（表3.2）．以下の実験例3に，Fmoc-SPSについて，図3.12の流れに従って説明する．

[実験例3] Fmoc SPS

ポリプロピレン製の下部にフィルターを装着したカラムに，アミノ酸樹脂を入れ，溶媒である$N,N$-ジメチルホルムアミド（DMF）や$N$-メチルピロリドン（NMP）で樹脂を膨潤させる．アミノ酸樹脂に，Fmocアミノ酸（3当量）を，DIC-HOBtやHBTU-HOBt（3当量）の縮合試薬と塩基（ジイソプロピルエチルアミン6当量）を加えて，カップリングする（15〜30分，数分ごとにボルテックスで撹拌する）．過剰の試薬を溶媒で5回洗浄する．20％ピペリジン（PIP）/DMF溶液を加えて，Fmoc基を除去する（約15分）．溶媒で5回洗浄する．これで，SPSの1サイクルが終了する．このカップリングと脱Fmoc操作を，所定のアミノ酸配列に従って繰り返すことにより，保護ペプチド樹脂が合成される．樹脂からのペプチドの切断（脱樹脂）とアミノ酸側鎖保護基の

3.2 ペプチド合成の実際

表 3.2　固相法（Fmoc および Boc 法）に利用するアミノ酸側鎖保護基

| アミノ酸 | | Fmoc 法 | Boc 法 |
|---|---|---|---|
| Ser | Thr | $t$-Bu（$t$-ブチル） | Bzl（ベンジル） |
| Cys | | Trt（トリチル） | Acm（アセトアミドメチル） |
| Asn | Gln | Trt（トリチル） | 無保護 |
| Asp | Glu | O$t$-Bu（$t$-ブチルオキシ） | OBzl（ベンジルオキシ） |
| Lys | | Boc（$t$-ブチルオキシカルボニル） | ClZ（2-クロロベンジルオキシカルボニル） |
| Arg | | Pbf（2,2,4,6,7-ペンタメチルジヒドロベンゾフラン-5-スルホニル） | Mts（メシチレン-2-スルホニル） |
| His | | Bom（ベンジルオキシメチル） | Tos（トシル） |
| Tyr | | $t$-Bu（$t$-ブチル） | Bzl（ベンジル） |
| Trp | | Boc（$t$-ブチルオキシカルボニル） | For（ホルミル） |

63

除去(脱保護)には，保護ペプチド樹脂をフラスコに移し，トリフルオロ酢酸(TFA)–$H_2O$(95：5)の溶液を加えて撹拌する(1時間)．TFA溶液を回収し，エーテル中に加えることにより，沈殿するペプチドを獲得する．逆相HPLCにより分析・精製する．

### 3.2.2 液相法

ペプチドの液相合成では，通常の有機合成反応と同様に，保護アミノ酸を有機溶媒に溶解させ，アミノ酸カルボン酸とアミノ基の間で，上述した適切な縮合方法を用いてペプチド結合を形成させる．中間体を単離できるので，各カップリング反応ごとに精製を行うこともできる．長鎖ペプチドの合成に有利な固相法と比べて，液相法は短鎖のオリゴペプチドの量的合成に向いている．図3.13に示すように，オリゴペプチドを合成後に，フラグメント縮合を行うこともできる．

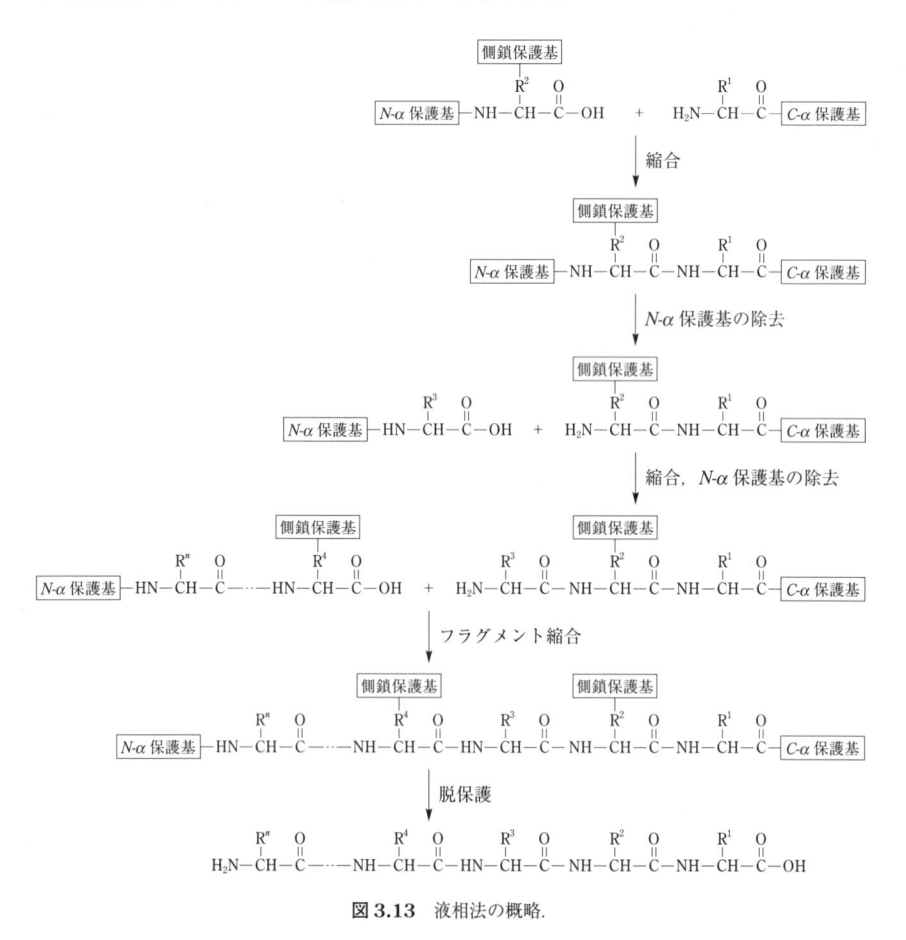

**図3.13** 液相法の概略．

## 3.3 タンパク質の化学修飾

タンパク質のアミノ基の化学修飾においても，安定な活性エステル化合物が種々市販されている．生物化学実験において，蛍光基の導入や，ペプチドとタンパク質どうしを連結させるリンカーとして多用される．また，水溶性のカルボジイミド(EDC)反応もよく用いられる．反応の原理は，ペプチド結合を形成させる場合と同じである．

### 3.3.1 蛍光標識

溶液中や細胞中でのタンパク質反応の追跡や電気泳動ゲルでのタンパク質の同定，抗体の標識など，タンパク質の蛍光標識化は，生物化学研究の必須的手段としてひん繁に利用されている．実験室において簡便に蛍光基を導入する方法として，蛍光色素の $N$-ヒドロキシスクシイミドエステル(OSu)が市販されている．カルボキシフルオレセインやカルボキシテトラメチルローダミン，ピレン酢酸などのように，カルボキシ基を備えた蛍光色素の場合，その OSu エステルが便利である(図 3.14)．市販品をそのまま用いることもできるが，市販の蛍光色素は高価であり，また試薬のロットや保存の状態により活性エステルの純度が低く，反応が思いどおりに進行しない場合もあるので，注意が必要である．合成は，蛍光基カルボン酸と水溶性カルボジイミド(EDC)と HOSu を用いて，実験例 2 において示したような方法で，蛍光基の OSu エステルを得ることができる．

蛍光基 OSu エステルは，アルコールや DMF，ジメチルスルホキシド(DMSO)などに溶解して，緩衝液中でタンパク質のリシン側鎖のアミノ基に導入することができる(水溶性の誘導体は，水溶媒でよい)．またビオチン基も OSu エステルに誘導したの

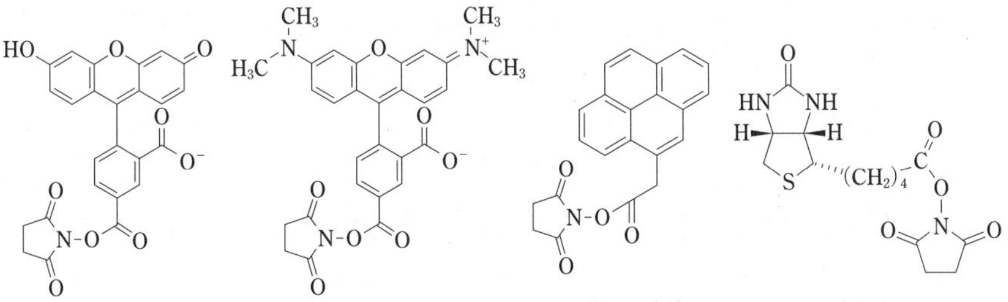

5-カルボキシフルオレセイン(FAM)
(Abs 492 nm, Em 518 nm)

5-カルボキシテトラメチルローダンミン(TAMRA)
(Abs 546 nm, Em 579 nm)

1-ピレン酢酸
(Abs 340 nm, Em 376 nm)

ビオチン

**図 3.14** 種々の蛍光基とビオチン修飾活性エステル(OSu)．Abs：吸光，Em：発光．

ちタンパク質に導入できるが，EDC を用いて直接カップリングも可能である．いずれにしても，タンパク質アミノ基の数に応じて導入される蛍光基などの量が左右されるので，反応量の制御が必要になる場合が多い．

### 3.3.2 二価官能性リンカー

二価官能性リンカーは，ペプチド-タンパク質間やタンパク質-タンパク質間を，化学的に連結させる化合物である．2 つの官能基のうちアミノ基を修飾する官能基として，OSu が多用される．図 3.15 に示すように，両末端が OSu エステルであるリンカーや，片方を Cys の SH と反応させるマレイミド基としたものが一般的である．両エステル間のスペーサーは，種々の構造のものが市販されている．抗ペプチド抗体を得るには，通常ペプチドのみでは分子量が小さすぎてよい抗原とならないため，Cys 含有ペプチドとウシ血清アルブミン (BSA) との複合体を，後者のマレイミドリンカーを用いて調製する．スクシンイミド基にスルホン酸基をもつリンカーは，高い水溶性を有する．

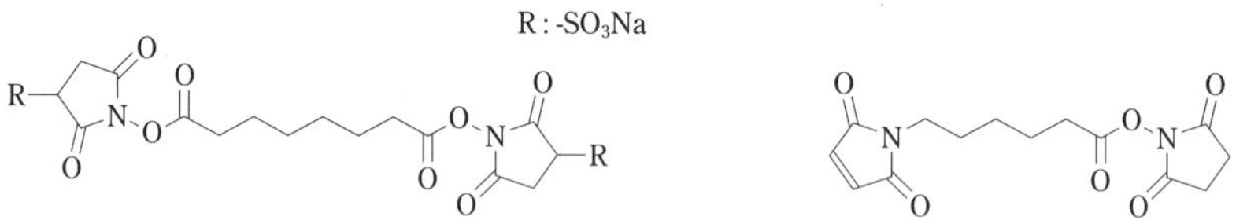

R : -SO$_3$Na

スベリン酸ジスクシイミドとそのスルホ誘導体　　　ε-マレイミドヘキサン酸スクシイミド

**図 3.15**　二価官能性リンカー．

ここでは，ペプチド合成やタンパク質修飾を目的としたカルボン酸の活性化法について述べた．両者ともアミド結合の生成反応であり，活性化カルボン酸へのアミンの求核置換反応である．ペプチド固相合成 (SPS) では，高収率かつ高純度にペプチドを獲得するために，固相担体上でのペプチド結合形成反応を迅速・高効率に行えるよう洗練されてきた．開発者の Merrifield の功績は多大であり，SPS が DNA の化学合成 (9 章参照) にも展開され，今日の遺伝子工学やタンパク質工学を支える化学技術として確立した (3.2.1 項参照)．ペプチドや DNA などの生体高分子の有機合成の魅力は，自在に思うがままの配列をもつポリマーを合成できることであり，分子量分布のある高分子合成とは一線を画す．また生体高分子合成が，HPLC や質量分析計などの周辺の分析機器の発展によりさらに進展したことは，重要である．これら生体高分子の精密な合成は，目的の主鎖結合 (ペプチド結合など) 反応の邪魔になる官能基を保護する，保護基の化学の発展でもある (7 章参照)．

# 4 芳香族化合物
## ——医薬品化学への展開

　芳香族化合物の名前の由来は，古来から知られている芳香をもつ天然有機化合物が，ベンゼン環をもつことによる．図4.1にそのような例を示すが，これら以外にも，市販医薬品のアスピリンやいくつかの天然アミノ酸も，ベンゼン環を含む化合物である．したがって，これらの薬剤や生体構成分子をはじめとして，日常生活に欠かせない多種多様な有機材料ではもちろんのこと，芳香族化合物の果たす役割ははかりしれない．

| 果実 | 杏仁 | バニラ | アスピリン | トリプトファン |

**図4.1**　ベンゼン環をもつ有機化合物．

　芳香族化合物の科学的な特徴は，その構造が「芳香族性を示すこと」であり，これは，$(4n+2)$個の$\pi$電子が環状に共役し安定化を獲得した状態が示す性質ともいえる．反対に，$4n$個の$\pi$電子が環状に位置して不安定化することは，「反芳香族性」といわれる．図4.2に，最も基本的な$n=1$の場合の電子配置とエネルギー準位を，定性的に示す．4電子からなる電子配置では，結合性の軌道が形成されず不安定であるのに対して，

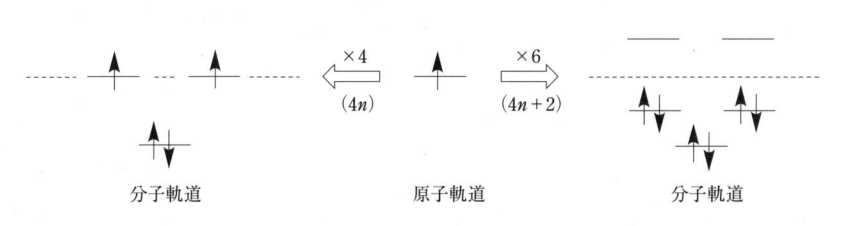

**図4.2**　$4n$あるいは$(4n+2)$個の原子軌道からなる分子軌道．

6電子の場合では，それを満たしたうえで共役による安定化が大きい．このことは，一般に $n$ が自然数の場合に成り立ち，$\pi$ 電子が環状に共役した化合物では，その軌道に $(4n+2)$ 個の電子を保持する強い傾向を示すことになり，芳香族化合物の反応性を理解するうえで重要である．

## 4.1 命　名

芳香族化合物を論じるにあたり，その名称を見て構造を，逆に構造を見て名称を書くことができることが，まず必要である．多くの芳香族化合物は，基本となる化合物の名前に置換基とその位置番号を付けた誘導体としてよばれる．図 4.3 には，基本的な化合物と位置の記号または番号を示す．

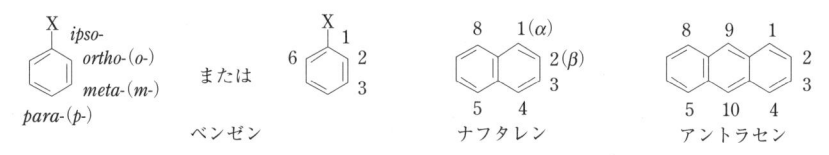

図 4.3　芳香族化合物の名称と位置の記号または番号（一部省略）．

ベンゼン環の1つまたは複数の炭素原子をヘテロ原子で置き換えた図 4.4 のような化合物において，$(4n+2)$ 個の $\pi$ 電子が環状に共役するときには，やはり芳香族性を示す．これらはヘテロ芳香族化合物とよばれ，基本的なものの名称と位置の記号また

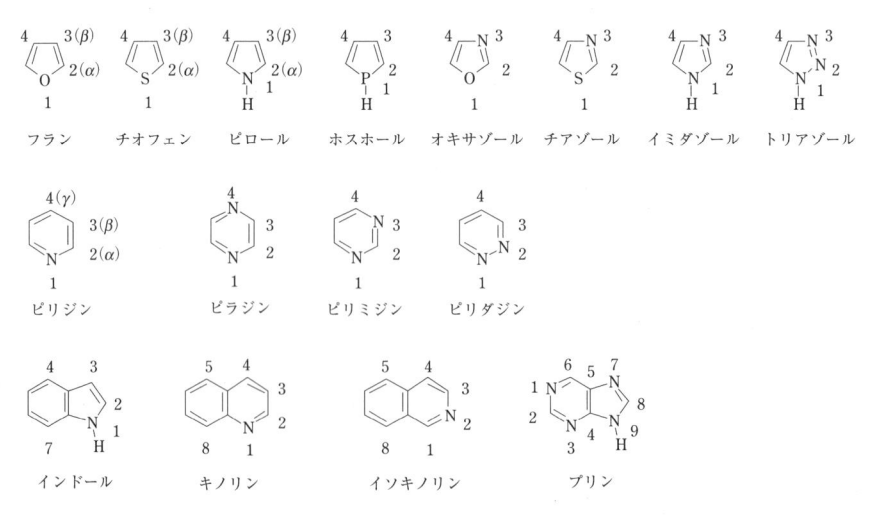

図 4.4　ヘテロ芳香族化合物の名称と位置の記号または番号（一部省略）．

は番号をまとめた．ヘテロ芳香族化合物の多くがこれらの置換体として命名される．

## 4.2 構造的特徴

　芳香族化合物の基本であるベンゼン環は平面構造であり，環骨格に動きの自由度がほとんどない．いわば剛直かつ平板な構造であり，芳香環に接続する置換基の動きも固定される．また，置換基の位置異性体は存在するが，次に述べるアトロプ異性のような場合を除いて，脂肪族化合物にみられるようなエナンチオマー，ジアステレオマーなどのような立体異性体は存在しない．したがって，脂肪族化合物と比較して分子設計を行いやすく，実際の合成という観点からもより単純であるといえる．

　しかし，芳香族化合物が立体異性体やエナンチオマーと無縁かというとそうでもなく，図4.5に示すようなビフェニル類では，2つの芳香環の自由回転の阻害に基づくアトロプ異性という現象がある．$R^1 \sim R^4$ のかさが小さければ，2つの芳香環はそれらを結ぶσ結合を軸として自由に回転でき，図(a)の点線を挟んだ左右の構造は重ね合わすことができ，同じものである．ところが，置換基 $R^1 \sim R^4$ が大きく2つの芳香環が自由に回転できなくなれば，図(a)の左右の構造は重ね合わすことはできず，ここに1対のエナンチオマーが発生する．実例としては，図(b)に示すビナフトールが有名であり，また光学活性ビアリールを含む生物活性化合物も天然に存在する．

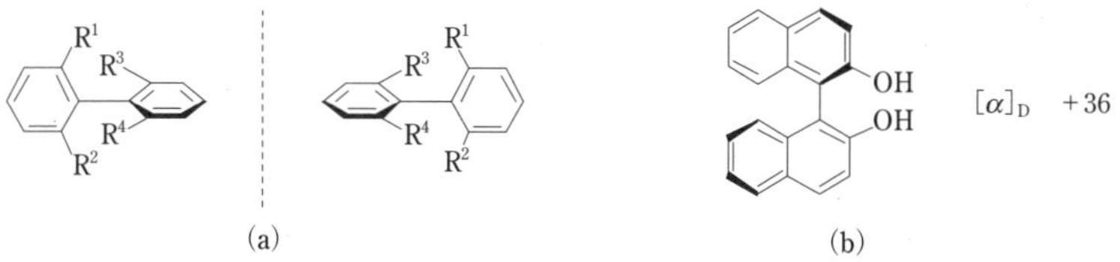

図4.5　アトロプ異性．

　芳香環はその構造から，図4.6(a)のような疎水結合以外にも，(b)のπ-πスタッキングや(c)のカチオンへの配位など，分子内あるいは分子間相互作用に寄与できる．これらは通常の共有結合やイオン結合に比べると弱いが，それでも分子の配列状態や反応性を左右し，たとえば生体分子の構造維持や薬剤の受容体への接近・結合時に重要な役割を果たす．また，芳香族化合物の反応や合成を設計する際にも利用しうる事象である．

　芳香族化合物の構造決定には，核磁気共鳴（NMR）スペクトル解析が最も有効な手段の1つである．磁場中におかれると，芳香環のπ電子はその環電流により新たな内部磁場を発生し，そのため芳香環の真上では外部磁場のしゃへい効果が，またその

**図 4.6** 芳香環に働く相互作用.

側面部では逆に非しゃへい効果がみられる．事実，図 4.7 の化合物 a のベンゼン環の真上に位置するメチレン水素の化学シフト $\delta$ は，シクロドデカンのそれより大きく高磁場シフトし，逆にベンゼン環の側面にある芳香族水素は，オレフィンのそれより大きく低磁場シフトしている．

$\delta$ 1.3 ppm ⟷ $\delta$ −0.5 ppm しゃへい

非しゃへい　$\delta$ 7.2 ppm ⟷ $\delta$ 5.7 ppm

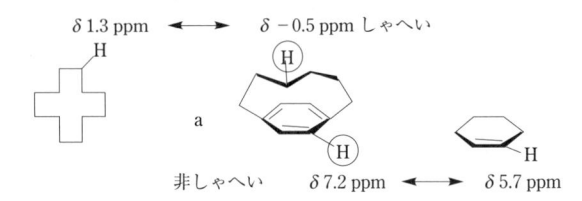

**図 4.7** 芳香環周辺の $^1$H NMR の化学シフト．

芳香族水素どうしの化学シフトの値の大小は，その接続する炭素上の $\pi$ 電子密度におおむね逆相関する．すなわち，電子密度が少ない炭素上の水素は，大きい炭素上のそれより大きな化学シフトの値を示す．図 4.8 には，典型例として，ニトロベンゼン，ベンヅアルデヒド，ベンゼン，アニソール，アニリンの水素の化学シフトを示すが，次節表 4.3 の求電子試薬に対する反応性および o-, m-, p- 配向性の傾向と，よい一致をみせている．

**図 4.8** $^1$H NMR の化学シフト．

## 4.3　反応と合成

主要な医薬品の約 8 割の分子中に，芳香族部分が鍵となる構造として含まれている．したがって，芳香族化合物の自在な設計と人工的合成は，生命理工学の重要な応用分野である薬剤科学の基礎となる．ここでは，芳香族化合物の変換および合成を行うた

めの基礎的事項について述べる．

## 4.3.1 芳香族化合物から芳香族化合物へ

芳香族化合物の反応と合成で最も重要といえるのは，芳香族化合物から出発してこれを改変するものである．このような芳香族化合物どうしの変換反応には，図4.9に示すように，芳香環上の$\pi$結合部分を使うか，それとも側面に張り出す$\sigma$結合部分を使うかの，大きく分けて2とおりがある．以下ではまず，$\pi$結合部分での反応と合成について述べ，次に$\sigma$結合のそれについて扱う．

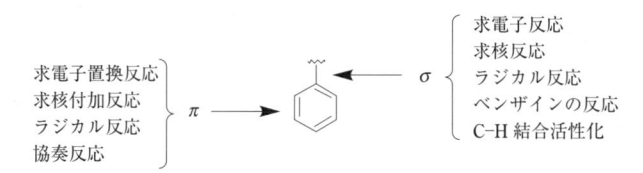

$$\left.\begin{array}{l}\text{求電子置換反応}\\\text{求核付加反応}\\\text{ラジカル反応}\\\text{協奏反応}\end{array}\right\}\pi \longrightarrow \text{[ベンゼン]} \longleftarrow \sigma \left\{\begin{array}{l}\text{求電子反応}\\\text{求核反応}\\\text{ラジカル反応}\\\text{ベンザインの反応}\\\text{C–H結合活性化}\end{array}\right.$$

**図4.9** 芳香族化合物の反応の関与する位置．

### A. $\pi$結合部分での反応

#### a. 求電子置換反応

一般に，芳香族$\pi$結合に対しては，求電子置換反応が進行することがよく知られている．この反応形式により導入できる置換基を表4.1に，除去できる置換基を表4.2にまとめる．また，既存の置換基による求電子置換反応に対する活性化効果（共鳴，誘起，そしてそれらの総合効果）と反応位置（$o$-, $m$-, $p$-配向性）について，表4.3にまとめる．

上記のような既存の置換基の配向性を利用して，ベンゼン誘導体の合成を位置選択的に行うことができる．しかし，既定の配向性をそのまま利用できない場合には，以下の(4.1)〜(4.5)式に示すように官能基変換を柔軟に組み合わせて，目的の化合物に導く必要がある．

$$\text{PhCO}_2\text{H} \xrightarrow{\text{Br}_2/\text{FeBr}_3} \text{3-Br-C}_6\text{H}_4\text{CO}_2\text{H} \xrightarrow[\text{ii) PBr}_3]{\text{i) BH}_3} \text{3-Br-C}_6\text{H}_4\text{CH}_2\text{Br} \xrightarrow{\text{NaBH}_4} \text{3-Br-C}_6\text{H}_4\text{CH}_3 \quad (4.1)$$

$$\text{PhCH}_3 \xrightarrow{\text{H}^+/\text{(CH}_3\text{)}_2\text{C=CH}_2} \text{4-}t\text{Bu-C}_6\text{H}_4\text{CH}_3 \xrightarrow{\text{Br}_2/\text{FeBr}_3} \text{2-Br-4-}t\text{Bu-C}_6\text{H}_3\text{CH}_3 \xrightarrow{\text{AlCl}_3/\text{C}_6\text{H}_6} \text{2-Br-C}_6\text{H}_4\text{CH}_3 \xrightarrow{\text{KMnO}_4} \text{2-Br-C}_6\text{H}_4\text{CO}_2\text{H} \quad (4.2)$$

**表 4.1** 求電子置換反応(導入)[†]

| 置換形式 | 求電子試薬 | 用いる試薬 | 導入置換基 |
|---|---|---|---|
| H → H, D | $H^+, D^+$ | HX, DX | -H, -D |
| H → C | $R^+$ | R-Hal, R-OH, $R^1R^2C=CR^3R^4$ | -R |
| | $RC(O)^+$ | $RCOHal, (RCO)_2O$ | -C(O)R |
| | $HC(O)^+$ | $Zn(CN)_2$, $DMF\text{-}POCl_3$ | -CHO |
| | $HO_2C^+$ | $CO_2$ | $-CO_2H$ |
| | $R^1R^2(HO)C^+$ | $R^1COR^2$ | $-C(OH)R^1R^2$ |
| | $ClH_2C^+$ | $HCHO + HCl + ZnCl_2$ | $-CH_2Cl$ |
| H → N | $O_2N^+$ | $HNO_3$ | $-NO_2$ |
| | $ON^+$ | $HNO_2$ | -NO |
| | $Ar\text{-}N_2^+$ | $Ar\text{-}NH_2 + HNO_2$ | -N=NAr |
| | $H_2N^+$ | $HN_3 + AlCl_3$ | $-NH_2$ |
| H → O | $HO^+$ | $CF_3CO_3H + BF_3$ | -OH |
| H → S | $XO_2S^+$ | X = OH: $H_2SO_4$ | $-SO_3H$ |
| | | X = Ar: $ArSO_2Cl$ | $-SO_2Ar$ |
| | | X = Cl: $ClSO_2H$ | $-SO_2Cl$ |
| H → Hal | $Hal^+$ | $(Hal)_2$, $Hal^1\text{-}Hal^2$ | -Hal |
| H → Metal | $Hg^{2+}$ | $HgX_2 (X = Hal, OAc)$ | -HgX |
| | $Tl^{3+}$ | $TlX_3 (X = Hal, OAc)$ | $-TlX_2$ |

[†] Hal:ハロゲン,Metal:金属

**表 4.2** 求電子置換反応(除去)

| 置換形式 | 除去される基 | 用いる試薬 | 導入置換基 |
|---|---|---|---|
| S → H | $HO_3S\text{-}$ | aq. $H_2SO_4$ | -H |
| C → H | $t\text{-}Bu\text{-}$ | $H^+(C_6H_6) + AlCl_3$ | -H |

**表 4.3** 置換基の反応性と配向性[†]

| 既存置換基 | 置換基の共鳴形 | $\pi$活性化(共鳴)効果 | $\sigma$活性化(誘起)効果 | 活性化の総合効果 | 配向性 |
|---|---|---|---|---|---|
| -alkyl | $=CR_2\ H^+$ | + | +- | + | $o, p$ |
| -OR | $=O^+R$ | ++ | - | ++ | $o, p$ |
| $-NR_2$ | $=N^+R_2$ | ++ | - | ++ | $o, p$ |
| -Hal | $=Hal^+$ | + | - | - | $o, p$ |
| -COX | $=C(O^-)X$ | -- | - | -- | $m$ |
| $-NO_2$ | $=N(O^-)_2$ | -- | - | -- | $m$ |
| $-SO_3H$ | $=S(O)(O^-)(OH)$ | -- | - | -- | $m$ |

[†] +:活性化する,++:強く活性化する,+-:効果なし,-:不活性化する,--:強く不活性化する

$$\text{(4.3)}$$

$$\text{(4.4)}$$

$$\text{(4.5)}$$

一方，ヘテロ芳香族化合物の反応性と配向性も，表4.1～4.3のベンゼン環の場合と同様に考えることができる．五員環化合物は，ヘテロ原子の孤立電子対(lone pair)が$6\pi$電子系に取り込まれているため，(4.6)式の共鳴構造式を書くことができ，炭素骨格部分の$\pi$電子が豊富になることがわかる．したがって，ベンゼンより求電子試薬に対する反応性が高い．またこの共鳴式では，どの炭素にもマイナス電荷を振り分けることができ，配向性を即断することはできない．しかし，(4.7)式のように求電子試薬の付加後のカチオンの安定性をみると，$\alpha$位へ攻撃したほうが多くの共鳴構造式を書くことができるためより安定と評価され，$\beta$位への反応に比べて起こりやすいと判断できる．

$$\text{(4.6)}$$
X = O, NR, S

$$\text{(4.7)}$$

一方，六員環化合物であるピリジン(X=N)は，窒素原子上の不対電子が$6\pi$電子系に入っており，その結果，炭素より電気陰性度の高い窒素上に電子を集める．したがって，(4.8)式のような共鳴式を書くことができ，炭素骨格上の$\pi$電子は減少し反応性が低下する．さらに，窒素原子の$\alpha$と$\gamma$位では電子が少なく，求電子試薬の攻撃は

起こりにくいため，$\beta$-配向性を示すことになる．ちなみに，上記の(4.7)式と同じ考察をしても同様の結果が得られる．

$$\text{(4.8)}$$

以上の考察に加えて，個々のヘテロ原子の電子状態から，ヘテロ芳香族化合物の求電子試薬に対する反応性の序列は，おおむね(4.9)式のようになる．

$$\text{(4.9)}$$

さらに芳香族性の観点からは，すべて等価な炭素原子からなるベンゼンが最も安定性を獲得している反面，ヘテロ芳香族化合物はベンゼン系化合物に比べて安定化の度合いが小さく，4.3.3項で述べるように脱芳香化しやすい．ヘテロ芳香族化合物の複雑な置換体，多環状化合物，ヘテロ原子を複数もつ化合物の挙動も，ヘテロ原子と置換基などによる反応性と配向性の重ね合わせで予想できる場合が多い．

**b. 求核付加反応**

芳香族化合物の反応といえば，普通は，前項aの求電子置換反応を指す．しかし，電子吸引基と共役した芳香環では，その電子不足$\pi$結合に対する求核付加反応が，(4.10)～(4.15)式のように起こりうる．(4.10), (4.11)式では，求核付加により生成したアニオン中間体は，加水分解あるいは他の求電子試薬との反応により脂肪族化合物を与えることになり，これについては後述する(4.3.3)．一方で，中間のアニオンまたはその加水分解体は，金属水素化物の脱離あるいは酸化剤([O]，空気など)により再度芳香族化合物に戻りやすく，見かけ上の求核置換反応による芳香族化合物合成として使われることも多い．

$$\text{(4.10)}$$

$X = 2,6\text{-}(t\text{-Bu})_2\text{-}4\text{-}(\text{MeO})\text{C}_6\text{H}_2\text{-}$

$$\text{(4.11)}$$

これに対して(4.12)～(4.15)式は，電子吸引基とともに脱離基を有する基質の反応であり，この場合には求核付加で生成したアニオンが脱離基を追い出して芳香族化合物を与える．したがって，文字どおり脱離基に対する求核置換反応となる．同じ置換基が電子吸引基と脱離基を兼ねることもあり，(4.15)式のスルホニル基への *ipso*-攻撃がそのような例である．

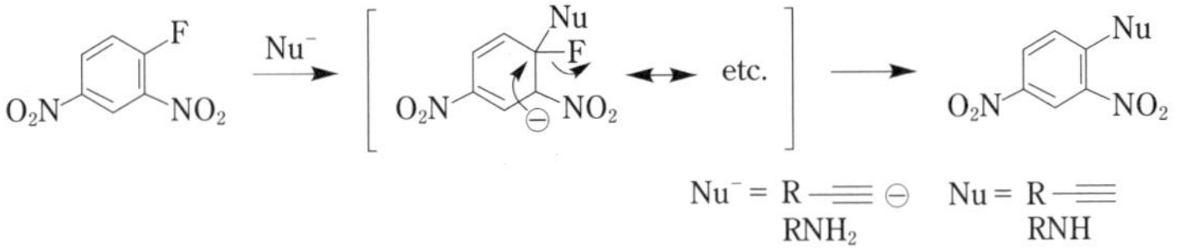

(4.12)

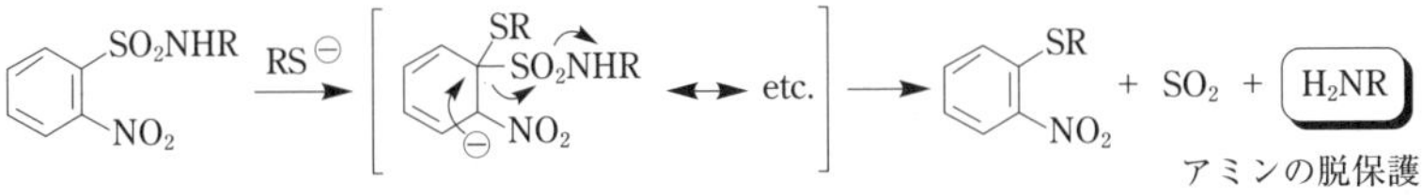

(4.13) アミンの脱保護

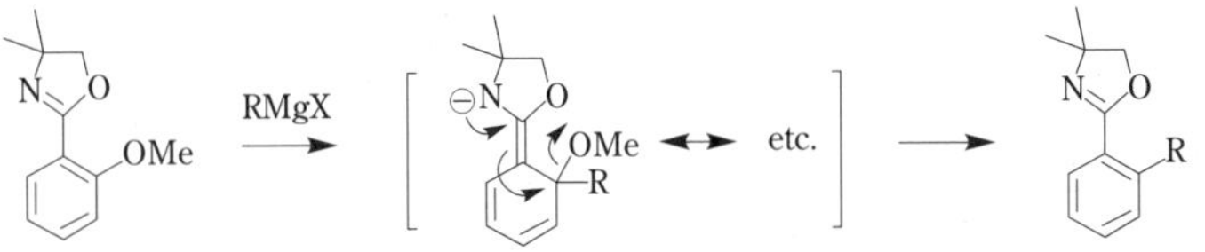

(4.14)

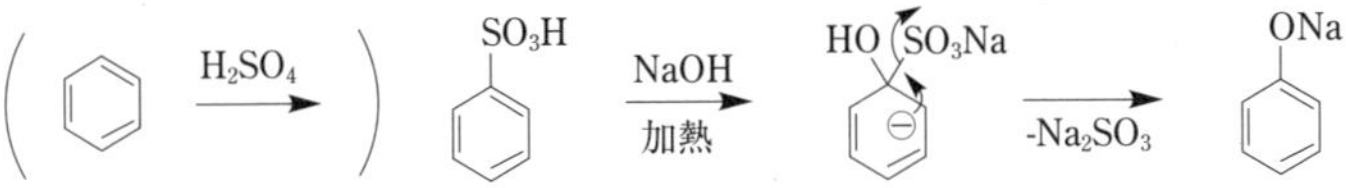

(4.15)

**c. ラジカル反応**

π電子への求電子および求核付加を経る置換反応に加えて，ラジカル付加によるそれも，(4.16)，(4.17)式に示すように可能である．イオン反応と異なりラジカル反応の場合では，ラジカルどうしのホモカップリングが，芳香環への分子間付加より起こりやすい．そこで，芳香環への付加を優先させるため，こちらを分子内反応とすることがよく行われ，ここに示すように環状化合物合成に使われている．

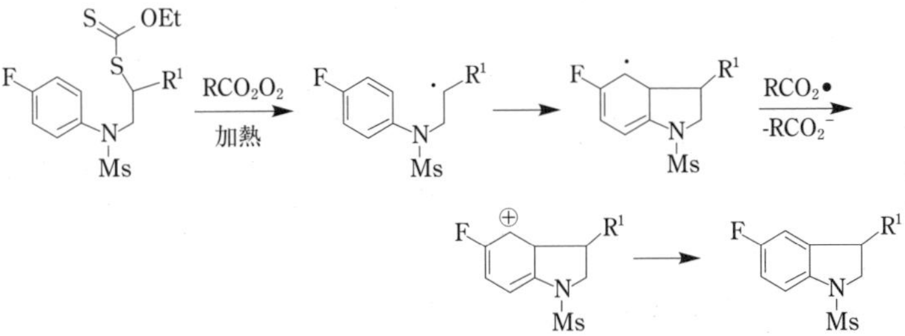

(4.16)

$$(4.17)$$

**d. 協奏反応**

芳香族π電子をオレフィン成分として，(4.18)式のClaisen(クライゼン)転位が進行する．フェノキシドのアリル化により入手できるO(オー)-アリルフェノールから，種々のo(オルト)-アリルフェノールが簡便に合成でき，位置選択的な芳香環上への炭素鎖導入法として有用である．反応条件を強くしたり，(4.19)式のようにオルト位がすでに置換されている場合には，さらにパラ位まで転位して芳香化する．アリル基の転位の結果として，芳香族化合物に戻れない場合は脂肪族化合物を与え，これについては後述する(4.3.3)．

$$(4.18)$$

$$(4.19)$$

以上，芳香族化合物の変換反応について，π電子を利用する炭素鎖伸長および官能基導入反応について述べた．次に，芳香族化合物のσ結合部分での変換手法について述べる．これらは，アリールアニオン，カチオン，ラジカルといった反応活性種をどのように発生し，他の基質と反応させるかという課題となる．

**B. σ結合部分での反応**

  **a. 求電子反応**

芳香族化合物のσ結合部分への求電子反応は，一般にアリールアニオンと求電子試薬の組合せで達成される．アリールアニオンとしては，アリールGrignard(グリニャール)試薬が代表的である．一方で，以下でも述べるように，現在ではさまざまなアリール金属試薬が開発され利用可能で，それぞれの特性をいかして求電子試薬と反応させ，芳香族化合物の効率的な合成が行われている．以下に，アリール金属試薬の基本的な発生方法とその反応について述べる．

## 1) プロトン引き抜き

アリールアニオンを発生する方法として，プロトン引き抜きは最も基本的なものである．表4.4の$pK_a$にみられるように，芳香族化合物はアルカン類より酸性度が高い．すなわち，アルキルアニオンなどの強塩基により，芳香族水素はプロトンとして引き抜かれ，アリールアニオンを発生しうる．このための塩基を図4.10に示すが，芳香族水素の酸性度が高い場合はアミド塩基(LDAなど)を，酸性度が低くなるにつれて強い塩基であるアルキルリチウム，アルキルリチウム–テトラメチルエチレンジアミン(TMEDA)複合体，そしてアルキルカリウムと，順次選択していくことになる．

表4.4 炭化水素類とアミンの酸性度

| プロトン |  ⟩–H | 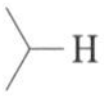 ⟩–H |  ∧–H | 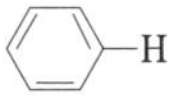 Ph–H | 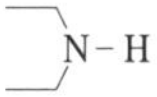 ⟩N–H |  ≡–H |
|---|---|---|---|---|---|---|
| $pK_a$ | >50 | >50 | 50 | 40 | 36 | 25 |

LDA (($i$-Pr)$_2$NLi)　　$n$-BuLi　　Bu$^{\ominus}$Li$^{\oplus}$(TMEDA)　　Bu-K (BuLi + $t$-BuOK)
　　　　　　　　　　$s$-BuLi
　　　　　　　　　　$t$-BuLi

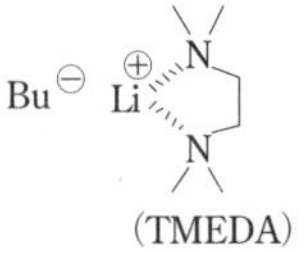

図4.10　いろいろな強塩基．

次に基質についてみると，ベンゼン($C_6H_6$)自体のプロトン引き抜きはアルキルカリウムで行えるが，(4.20)式のような，適当な置換基(FG＝官能基)をもつベンゼン環では，これより弱いアルキルリチウム類でも可能になる．これらの芳香環では，(4.21)，(4.22)式のようなキレート化効果，(4.23)式のようなヘテロ原子による誘起効果，および(4.24)式に示すそれらの相乗効果により，プロトン引き抜きが容易になっているからである．発生したアリール金属試薬は，求電子試薬との反応により炭素鎖伸長・官能基変換を経て，新たな芳香族化合物を与える．(4.23)，(4.24)式に，その例も併記する．

$$\text{Ar-FG-H} \xrightarrow{\text{塩基}} \text{Ar-FG}^{\ominus} \tag{4.20}$$

$$\text{PhCH}_2\text{OH} \xrightarrow{\text{BuLi-TMEDA}} \text{(ortho-lithiated benzyl alkoxide)} \tag{4.21}$$

$$\text{PhNEt}_2\text{C(O)} \xrightarrow{s\text{-BuLi-TMEDA}} \text{(o-Li-C}_6\text{H}_4\text{)C(O)NEt}_2 \quad (4.22)$$

$$\text{furan} \xrightarrow{\text{BuLi}} \text{2-Li-furan} \xrightarrow{\text{RCHO}} \text{2-furyl-CH(OH)R} \quad (4.23)$$

$$\text{1,3-(MeO)}_2\text{C}_6\text{H}_4 \xrightarrow{\text{BuLi}} \text{2-Li-1,3-(MeO)}_2\text{C}_6\text{H}_3 \xrightarrow{\text{R-Br}} \text{2-R-1,3-(MeO)}_2\text{C}_6\text{H}_3 \xrightarrow{\text{Birch 還元}} \xrightarrow{\text{H}_3\text{O}^+} \text{2-R-1,3-シクロヘキサンジオン} \quad (4.24)$$

### 2) 還元的メタル化

芳香族ハロゲン化物(ArX, ただし通常フッ化物は除く)に金属マグネシウムやリチウムを作用させると, (4.25), (4.26)式に従って, これを還元的にメタル化できる. 前項1)で述べたように, ベンゼン自身の直接脱プロトン化は容易でないが, ハロベンゼンから出発するこの方法, あるいは次項3)のハロゲン-メタル交換では, フェニル金属試薬が問題なく発生できる. これらのアリール金属試薬は高い反応性を有し多様な求電子試薬と反応するため, $\sigma$結合部分での炭素鎖伸長ならびに官能基導入の基本反応といえる.

$$\text{Ar-X} + \text{Mg} \longrightarrow \underset{\text{Grignard 試薬}}{\text{ArMgX}} \xrightarrow{\text{El}^+} \text{Ar-El} \quad (4.25)$$

$$\text{Ar-X} + 2\,\text{Li} \longrightarrow \text{ArLi} \,(+\,\text{LiX}) \xrightarrow{\text{El}^+} \text{Ar-El} \quad (4.26)$$

(4.25), (4.26)式のアリールマグネシウムまたはリチウム試薬は, 高い反応性を有するため, 水酸基, アミノ基, カルボニル基, 脂肪族ハロゲン化物, ニトロ基といった, 酸性や反応性官能基を共存したまま調製することはできない. これに対して, (4.27)式により同様に発生するアリール亜鉛試薬は, 求電子試薬との反応性は劣るものの, 上記のいくつかの官能基を温存して発生できるため, マグネシウムまたはリチウム試薬と相補的に使える場合がある.

$$\text{Ar-X} + \text{Zn} \longrightarrow \text{ArZnX} \xrightarrow{\text{El}^+} \text{Ar-El} \quad (4.27)$$
$$(X = \text{Br, I})$$

### 3) ハロゲン-メタル交換

(4.28)式のように, アリールハライド(おもに臭化物とヨウ化物)に有機金属試薬を作用させると, 両者の間でハロゲン-メタル交換(複分解)が進行し, アリール金属試薬が発生する. この反応は平衡であるが, 加える有機金属試薬の選択により, アリール金属試薬の生成にシフトさせることができる. たとえばPhBrとn-BuLiからは,

より安定な PhLi が発生し，同時に n-BuBr が副生する．したがって反応させる求電子試薬としては，共存する n-BuBr より反応性の高いカルボニル化合物や $Me_3SiCl$ に限られることになる．ただし，(4.29)式のように n-BuLi の代わりに 2 当量の t-BuLi を用いると，副生する t-BuBr はもう 1 当量の t-BuLi により直ちに脱ハロゲン化水素を受け，イソブタンとイソブテンに変換されるため，使える求電子試薬についての制限はなくなる．

$$\text{Ar-X} + \text{R-Li} \longrightarrow \text{ArLi} (+ \text{R-X}) \xrightarrow{El^+} \text{Ar-El} \quad (4.28)$$
$(X = Br, I)$  $R = n\text{-Bu}, sec\text{-Bu}$

$$\text{Ar-X} + \boxed{2\,t\text{-BuLi}} \longrightarrow \text{ArLi} \left(+ \,\diagup\!\!\!\diagdown + \,\diagup\!\!\!\diagdown\right) \xrightarrow{El^+} \text{Ar-El} \quad (4.29)$$
$(X = Br, I)$

t-BuLi によるハロゲン–メタル交換は，炭素–ヘテロ原子多重結合への付加よりも早く進行し，(4.30)式では，形式上アリールアニオンがニトリルへ分子内付加した生成物を与えている．また(4.31)式には，(4.23)式で示したフランの α 位リチオ化に対し，3-ブロモフランのハロゲン–メタル交換を経れば，その位置異性体(β 位リチオ体)を与えること，すなわち両者が相補的に使いうる例を示す．

$$(4.30)$$

$$(4.31)$$

以上の例では，ハロゲン–リチウム交換について述べてきたが，ハロゲン–メタル交換は，(4.32)式のように，Grignard 試薬によっても同様に行うことができる．ここでは，ベンジルクロリド共存下での選択的なマグネシウム化が可能になっている．

$$(4.32)$$

### 4)金属–金属交換

これまでの 1)～3)項で発生できるアリール金属試薬は，他の金属塩と複分解させて金属部分を取り替えることができる．アリール金属試薬の反応性や選択性は，その

金属部分の種類によって大きく変わるため，(4.33)〜(4.38)式のように，金属を入れ替えて効率的な反応や合成に使うことは，日常的によく行われている．したがって，同時に，それぞれのアリール金属試薬の特性や用途についてもよく理解しておく必要がある．

$$Ar\text{-}Li + MgCl_2 \longrightarrow ArMgCl \qquad (4.33)$$

$$Ar\text{-}Li + ZnCl_2 \longrightarrow ArZnCl \qquad (4.34)$$

$$2\,Ar\text{-}Li + CuBr \longrightarrow Ar_2CuLi \qquad (4.35)$$

$$Ar\text{-}MgCl + Ti(O\text{-}i\text{-}Pr)_4 \longrightarrow ArTi(O\text{-}i\text{-}Pr)_3 \qquad (4.36)$$

$$Ar\text{-}Li + R_2BCl \longrightarrow ArBR_2 \qquad (4.37)$$

$$Ar\text{-}MgCl + R_3SiCl \longrightarrow ArSiR_3 \qquad (4.38)$$

5) 求電子的メタル化

水銀やタリウム塩は，(4.39)式により電子豊富な芳香環へ求電子置換反応を行い(表4.1を参照)，見かけ上，今まで述べてきたものと同様なアリール金属化合物を与える．これらの化合物は求電子試薬との反応性に乏しいが，適当な活性化手段を併用し，アリールアニオンとして利用できる．

$$\text{Ar(EDG)} \xrightarrow{HgX_2\ \text{または}\ TlX_3} \text{XHg-Ar(EDG)} \ \text{または}\ \text{X}_2\text{Tl-Ar(EDG)} \qquad (4.39)$$

EDG = 電子供与基

**b．求核反応**

芳香族化合物の求核置換反応といえば，古くから重要なのが，(4.40)式に示すアニリン類から誘導されるジアゾニウム塩によるものである．この化合物は $N_2$ を放出し，アリールカチオンを経由して求核置換反応を受ける．とくに銅塩共存下で反応が容易に進行することが知られており，Sandmeyer(サンドマイヤー)反応とよばれる．しかし，出発物質のアニリン類が入手しにくいこと，ジアゾ化がめんどうなこと，ジアゾニウム塩の不安定性，そして求核試薬が限られるなどの問題点もある．

$$\left(Ph\text{-}NH_2 \xrightarrow{HNO_2} Ph\text{-}N_2^+\right) \xrightarrow[(Cu^+)]{Nu^-} [Ph^+ \xleftarrow{Nu^-} + N_2] \longrightarrow Ph\text{-}Nu \qquad (4.40)$$

脂肪族ハロゲン化物は，求核試薬による $S_N1$ や $S_N2$ 置換反応により，ハロゲン部分を他の炭素鎖あるいは官能基に変換できる．しかし芳香族ハロゲン化物は，$S_N1$ や $S_N2$ 型の反応を行わないため，前出の(4.12)〜(4.15)式の場合を除いて，脂肪族化合物と同様な条件下で求核試薬を作用させても，置換体は得られない(4.41 式)．

$$\text{Ph-Hal} + \text{Nu}^- \xrightarrow{\;/\!/\;} \text{Ph-Nu} + \text{Hal}^- \qquad (4.41)$$

しかし，ハロゲン化アリールと求核試薬の反応は，概念的にも合成的にも脂肪族ハロゲン化物の反応と並んで重要であるため，後者とは本質的に異なるいくつかの方法が開発されており，以下に述べる．

1) $S_{RN}1$ 反応

(4.42a～c)式に示す方法は，アルカリ金属からの電子移動によりアリールアニオンラジカルを発生させ，ハライドの脱離を伴ってアリールラジカルとし，これと求核試薬との反応を経由して，ハロゲンの置換反応を行うものである．同様な反応は，(4.43)式のように光照射下での電子移動により行うこともできる．これらは一分子的ラジカル置換反応であり，その略称から芳香族 $S_{RN}1$ 置換反応と総称される．ただし，一般に強塩基性条件下で行われるため，後述するベンザイン機構による置換反応も併発しやすい．

開始反応  $\text{Ph-X} + e^- \xrightarrow{\text{Na, K}} [\text{Ph-X}]^{\bullet -} \longrightarrow \text{Ph}^{\bullet} + X^-$ (4.42a)

成長反応  $\text{Ph}^{\bullet} + \text{Nu}^- \longrightarrow [\text{Ph-Nu}]^{\bullet -}$ (4.42b)

$[\text{Ph-NuX}]^{\bullet -} + \text{Ph-} \longrightarrow \text{Ph-NuX} + [\text{Ph-}]^{\bullet -}$ (4.42c)

$\text{Ph-Br} + \text{CH}_2=\text{C}(\text{O}^-)\text{CH}_3 \xrightarrow{h\nu} [\text{Ph-Br}]^{\bullet -} + \text{CH}_2=\text{C}(\text{O}^{\bullet})\text{CH}_3 \longrightarrow \text{Ph-CH}_2\text{COCH}_3 + \text{Br}^-$ (4.43)

2) 遷移金属触媒による方法

現在最も多用されている芳香族ハロゲン化物の置換反応は，遷移金属触媒を使う(4.44)式の方法である．ここでは，触媒量の Ni あるいは Pd 塩などを，芳香族ハロゲン化物と求核試薬の混合物に共存させる．すると，(4.45)式に従って，まず低原子価の Ni (あるいは Pd) が $sp^2$ 炭素—ハロゲン結合に酸化的付加をする．次に，金属上への求核試薬の取込みに引き続いて，アリール基と求核試薬が金属上から還元的脱離をして求核置換体を与えると同時に，最初の低原子価 Ni (あるいは Pd) 触媒を再生する．この再生された触媒により，反応サイクルが何回も継続することになる．この置換反応の適用性はきわめて広く，(4.46)式のように，ハロゲン化物のみならず多様な脱離基を有する芳香族化合物と幅広い求核試薬から，位置選択的に収率よく目的の置換体が得られる．

$$\text{Ph-Hal} + \text{Nu}^- \xrightarrow[\text{触媒}]{\text{Ni, Pd, Cu, Fe または Rh}} \text{Ph-Nu} + \text{Hal}^- \qquad (4.44)$$

[式 (4.45)]

$$\text{Ph-X} \xrightarrow{\text{Ni(0)}} \text{Ph-Ni(II)-X} \xrightarrow[-\text{X}^-]{\text{Nu}^-} \text{Ph-Ni(II)-Nu} \rightarrow \text{Ph-Nu} + \text{Ni(0)} \quad (4.45)$$

$$\text{FG-C}_6\text{H}_4\text{-X} \xrightarrow[\text{Ni, Pd, Cu, Fe または Rh 触媒}]{\text{Nu}^-} \text{FG-C}_6\text{H}_4\text{-Nu} \quad (4.46)$$

X : Br, I, Cl, OTf, OTs, OR, S(O)$_n$R ($n$ = 0, 1, 2), OP(O)(OR)$_2$, N$_2^+$, OCOR, NMe$_3^+$
FG : ほとんどの官能基，ヘテロ環芳香族
Nu$^-$ : R(sp$^3$, sp$^2$, sp)-Metal    Metal = Li, Mg, Zn, B, Sn, Si など

ROH,  CH$_2$=C(O$^-$)-,  RNH$_2$,  R$_2$NH,  RS(O)$_n^-$ ($n$ = 0, 1, 2)

### c. ラジカル反応

芳香族ハライドなどの一電子還元，あるいは芳香族アニオンの一電子酸化によって，アリールラジカルが発生でき，不飽和結合への付加やカップリング反応を通して芳香族誘導体の合成ができる．この際の反応設計は，(4.47), (4.48)式にみるように，分子内反応による環状化合物合成が多く，その理由は p.75 の c で述べた．

[式 (4.47): 2-ブロモ-N-(3-フェニルチオアリル)アニリン → Bu$_3$SnH/AIBN → アリールラジカル → インドリン中間体 → 3-ビニルインドリン誘導体]  (4.47)

[式 (4.48): 1-ブロモ-2-アリルオキシナフタレン → SmI$_2$ → ナフチルラジカル → 環化中間体 → 1-メチル-2,3-ジヒドロナフト[2,1-b]フラン]  (4.48)

### d. ベンザインの反応

芳香族化合物の σ 結合位置での置換反応について，(4.49)～(4.51)式に示す 1,2-脱離反応で発生できるベンザインによる方法も，知られている．6π 電子軌道に直交する方向に張り出したベンザインの 2π 電子は，その構造からわかるように，通常のオレフィンまたはアセチレンよりはるかに不安定で，求核試薬の付加や Diels-Alder（ディールス・アルダー）反応に対して高い反応性を示す (4.52, 4.53 式)．ただし，(4.49)式からわかるように，ベンザインを経由する反応では，脱離基に接続する炭素とその隣接位置の両方に求核試薬などが導入されうるため，一般に生成物は位置異性体の混合物となるので，注意を要する．

$$\text{(4.49)}$$

$$\text{(4.50)}$$

$$\text{(4.51)}$$

$$\text{(4.52)}$$

$$\text{(4.53)}$$

### e. C-H 結合活性化

今まで述べた a〜d の方法に対して,官能基に直結しない C-H 結合を活性化して,C-C 結合形成あるいは官能基の導入にそのまま利用しようとする試みが,最近盛んに研究されている.(4.54)式には,炭素–水素結合と試薬 X との反応を触媒存在下で行う例を,模式的に示す.

$$\text{(4.54)}$$

(4.55), (4.56)式は本反応形式に分類され,触媒量の金属試薬を除くと,廃棄物を全く出さない未来型反応ともいえる.(4.56)式の反応により,生物活性を有する天然有機化合物の合成が達成されている.

$$\text{(4.55)}$$

(4.56)

セントロロビン　　　(−)-カリキシン L　　　ジオスポンジン A

(4.57)式の反応も，C-H 結合の活性化を経たカップリング反応であるが，ここでは当量の酸化剤（[O]）が同時に消費される．

(4.57)

[O]： $Cu^{2+}$, $O_2$, O=⌬=O

## 4.3.2　脂肪族化合物から芳香族化合物へ

4.3.1項の冒頭で述べたように，芳香族化合物の合成では，芳香族化合物が出発物質として選ばれるのが普通である．しかし，脂肪族化合物を芳香族化合物に誘導することも可能で，多くの方法が知られている．ここでは，それらのうちシクロヘキサン環上への不飽和結合の導入，不飽和結合を六員環状に集積する方法，およびヘテロ芳香族化合物の合成について述べる．

### A.　芳香化反応（aromatization）

適当な置換基や官能基をもつシクロヘキサン骨格をまず作り，そこから H-H, H-X, X-Y（X, Y はヘテロ原子団など）を脱離させて不飽和結合を導入すれば，芳香族化合物が得られる．(4.58)式は，Pd/C 触媒，Se，あるいは DDQ などによる脱水素を経る芳香化である．(4.59)式は臭素化と脱臭化水素を繰り返すことにより，また(4.60)式ではスルホキシドの $syn$-脱離を利用して，それぞれシクロヘキサン環上に二重結合を導入し芳香族化合物を得ている．

$$\text{FG}-\bigcirc \text{ または } \text{FG}-\bigcirc \xrightarrow[\text{(Pd/C 触媒, Se, DDQ など)}]{-n\,H_2} \text{FG}-\bigcirc \quad (4.58)$$

$$\text{FG}-\bigcirc \xrightarrow{Br_2} \text{FG}-\bigcirc\!\!\begin{smallmatrix}Br\\Br\end{smallmatrix} \xrightarrow{\text{塩基}} \text{FG}-\bigcirc \xrightarrow{Br_2} \text{FG}-\bigcirc\!\!\begin{smallmatrix}Br\\Br\end{smallmatrix} \xrightarrow{\text{塩基}} \text{FG}-\bigcirc \quad (4.59)$$

$$\bigcirc\!\!=\!\!O \xrightarrow[\text{塩基}]{(PhS)_2} \bigcirc\!\!\begin{smallmatrix}PhS\\ \\ \end{smallmatrix}\!\!=\!\!O \xrightarrow{[O]} \bigcirc\!\!\begin{smallmatrix}PhS^+\!-\!O^-\\ \\ \end{smallmatrix}\!\!=\!\!O \xrightarrow{\text{加熱}} \bigcirc\!\!=\!\!O \longrightarrow \bigcirc\!\!-\!\!OH \quad (4.60)$$

## B. Reppe 反応

　触媒でアセチレン3分子を環状に結合しベンゼンを作る反応は，Reppe（レッペ）反応として知られている．しかし(4.61)式のように，この反応により3種類の非対称なアセチレン S1, S2, S3 から単一の目的物 P1 を合成しようとしても，当然 S1, S2, S3 がランダムに環化し，全部で40種近くの芳香族化合物 P1, P2, P3……の混合物を生じ，実用的には利用できない．しかしごく最近，(4.62), (4.63)式に示すように，この反応をチタン試薬をテンプレートとして行うと，ただ1種類の芳香族化合物が得られることが報告された．この方法は，脂肪族化合物を出発原料とする天然由来の芳香族化合物アルシオプテロシンの合成に，直ちに利用された(4.64 式).

$$\begin{matrix}A\\ \|\|\\ B\end{matrix} + \begin{matrix}C\\ \|\|\\ D\end{matrix} + \begin{matrix}E\\ \|\|\\ F\end{matrix} \xrightarrow{\text{金属触媒}} \boxed{\begin{smallmatrix}A\\F\quad B\\E\quad C\\D\end{smallmatrix}} + \begin{smallmatrix}A\\B\quad B\\A\quad A\\B\end{smallmatrix} + \begin{smallmatrix}B\\F\quad A\\E\quad C\\D\end{smallmatrix} + \cdots\cdots \quad (4.61)$$

S1　　S2　　S3　　　　　　　　P1　　　　P2　　　　P3

$$\begin{matrix}R^1\\ \|\|\\ R^2\end{matrix} + \begin{matrix}\\ \|\|\\ R^3\end{matrix} + \begin{matrix}SO_2Tol\\ \|\|\\ \end{matrix} + ''Ti(O\text{-}i\text{-}Pr)_2'' \longrightarrow \begin{smallmatrix}R^1\\R^2\quad TiX_3\\R^3\end{smallmatrix} \xrightarrow{El^+} \begin{smallmatrix}R^1\\R^2\quad El\\R^3\end{smallmatrix} \quad (4.62)$$

$$\begin{matrix}R^1\\ \|\|\\ R^2\end{matrix} + \begin{matrix}\\ \|\|\\ R^3\end{matrix} + \begin{matrix}Br\\ \|\|\\ \end{matrix} + ''Ti(O\text{-}i\text{-}Pr)_2'' \longrightarrow \begin{smallmatrix}R^1\\R^2\quad CH_2TiX_3\\R^3\end{smallmatrix} \xrightarrow{El^+} \begin{smallmatrix}R^1\\R^2\quad CH_2El\\R^3\end{smallmatrix} \quad (4.63)$$

上述の Reppe 反応において，1 分子のアセチレンを同様に三重結合をもつニトリルに変えて反応させると，(4.65)，(4.66)式に示すようにピリジンが生成する．ベンゼン合成の場合と同様に，ランダムに反応すると多数の異なるピリジンの混合物となり実用的には使えないが，チタン試薬をテンプレートとするとただ1種のピリジンが得られる．ピリジンは 4.3.1.A で述べたように，求電子置換反応による置換基導入を行いにくいため，多置換ピリジンが一挙に入手できる本法は重要であり，実際に(4.67)式に従い，抗アレルギー剤の誘導体合成に利用された．

### C. オレフィンメタセシス

オレフィンを六員環状に配列すれば，芳香族化合物となる．(4.68)式では，オレフィンメタセシスにより2つの二重結合を並列し，続いてケト-エノール互変異性を経て，フェノールを合成している．したがって，あらかじめ直鎖状出発物質を置換基の位置を決めて作っておけば，複雑な置換形式をもつフェノールが簡単に得られる．

$$\text{Mes} = 2,4,6\text{-Me}_3\text{C}_6\text{H}_2\text{-}, \quad \text{Cy} = \text{C}_6\text{H}_{11}\text{-} \tag{4.68}$$

### D. ヘテロ芳香族化合物の合成

ヘテロ芳香族化合物を同種のヘテロ芳香族化合物から合成しようとする場合は，ベンゼン誘導体のそれにならって行うことになる．しかし，ヘテロ芳香族化合物の合成では，脂肪族化合物を出発物質とすることも多い．(4.69)，(4.70)式の反応は，ヘテロ原子をジケトンで挟み込む五員環化合物の最も基本的な合成法である．ピリジン類や他の複数のヘテロ原子を有する芳香族化合物の合成も，基本的に同様の方法で行いうる．また，(4.71)式の反応はやや複雑な過程を経るが，古くから知られているFischer（フィッシャー）のインドール合成法であり，これら以外にも多くのヘテロ芳香族合成法が現存し，さらに開発されつつある．

$$\tag{4.69}$$

$$\tag{4.70}$$

$$\tag{4.71}$$

### 4.3.3 芳香族化合物から脂肪族化合物へ

医薬や生物活性化合物には，シクロヘキサン骨格を有するものが多い．これらの合成に芳香族化合物を出発物質として利用すると，意外に便利な場合がある．すなわち，4.3.2 項で述べたものと逆の反応である脱芳香化反応(dearomatization)であり，ここであわせて概説する．しかし，芳香族化合物の $6\pi$ 電子系は安定化しているため，これを脂肪族化合物に戻すには，以下の例にみるようにやや強い反応条件が必要となる．

#### A. 還元

**a. 水素添加**

(4.72)式の水素添加反応は，この目的のために最もよく使われるが，(4.73)，(4.74)式のように高圧下で行い，加熱を要する場合もある．したがって，還元されやすい官能基は芳香環とともに水素添加され，(4.75)，(4.76)式にその例を示す．

$$FG\text{-}\bigcirc \xrightarrow[\text{Pd, Rh, Pt 触媒など}]{H_2 \text{ 加圧}} FG'\text{-}\bigcirc \qquad (4.72)$$

$$\underset{NH_2}{\underset{|}{C_6H_4}}CO_2H \xrightarrow[\text{Rh-Pd/C}]{H_2(3\text{ 気圧})} \underset{NH_2}{\underset{|}{C_6H_{10}}}CO_2H \qquad (4.73)$$

$$\xrightarrow[\text{90℃}]{H_2(100\text{ 気圧})\ \text{Pd/C}} \qquad (4.74)$$

$$\xrightarrow[\text{50℃}]{H_2(3\text{ 気圧})\ \text{Rh/Al}_2\text{O}_3} \qquad (4.75)$$

$$\xrightarrow[\text{100℃}]{\text{Raney-Ni}} \qquad (4.76)$$

**b. Birch 還元**

アルカリ金属からの電子移動により芳香環は還元を受け，生成したアニオンの加水分解を経て脂肪族化合物を与える．この反応を Birch(バーチ)還元とよび，(4.77)，(4.78)式のように，基質の置換基により反応後のオレフィンの位置が決まる場合が多い．このオレフィンは次の合成展開の手がかりになるため，Birch 還元生成物は六員環ビルディングブロックとして重宝される．このような例を，すでに(4.24)式で示し

た．同様な還元反応は，電極からの電子移動によっても達成でき，(4.79)式では，形式上中間に生成したアニオンがケトンへ分子内付加した生成物を与えている．

$$(4.77)$$

$$(4.78)$$

$$(4.79)$$

## B. 酸化

還元反応とは逆に，(4.80)～(4.82)式のように，フェノールやアニリン類を酸化するとキノンが生成し，脱芳香化を行うことができる．キノンのカルボニル基ならびに二重結合は，不飽和ケトンしての反応性を示し，六員環合成中間体として利用価値が高い．

$$(4.80)$$

$$(4.81)$$

$$(4.82)$$

## C. 求核付加反応

p.74 の b で述べたように，電子吸引基をもつ芳香族化合物には脱芳香化を伴って求核試薬が付加し，これにより脂肪族化合物が得られる．

## D. Claisen 転位, thia-Sommelet 転位

p.76 の d では,芳香族 π 電子を利用する Claisen 転位が芳香環への置換基導入に有用であることを述べたが,転位する位置にすでに置換基がある場合には再芳香化できず,(4.83)式のように脂肪族化合物を与える.(4.84)式の thia-Sommelet(ソムレー)転位では,o 位から p 位へのさらなる転位が起こらないため,o 位への選択的な炭素鎖導入が可能である.芳香族性の解消を補償するために,(4.83)式では高温が,(4.84)式では硫黄イリドのような不安定中間体の利用が,それぞれ必要となる.

$$\tag{4.83}$$

$$\tag{4.84}$$

## E. Diels-Alder 反応

ヘテロ芳香族化合物はベンゼンより芳香族性が弱く,脱芳香化反応を起こしやすい.たとえばフランは多くのジエノフィルと Diels-Alder 反応を行い,脂肪族化合物を与えることはよく知られている.(4.85)式には,フラン→Diels-Alder 反応→脂肪族中間体→逆 Diels-Alder 反応→フランの一連の操作による,フラン間での相互変換の例を示す.

$$\tag{4.85}$$

## F. ヘテロ環化合物の反応

すでに 4.3.2.D の(4.69)式に記したが,芳香族性が比較的低いフランは,酸性加水分解により容易にジケトンへ導くことができる.また前項 A の(4.76)式では,チオフェンが水素添加とともに脱硫され,炭化水素基へ変換されている.

第 4 章は,芳香族化合物の特性,反応,合成,および利用について,生命理工学を専攻する大学院生がおおよその全体像とそれぞれの項目の位置づけを整理できるように書かれている.紙面の制限もあり,内容の厳密性という点からすれば当然不満な向きもあろうかと思われるが,その場合には,さらに専門図書や学術誌を参考にしていただくことを願うものである(巻末参照).

# 5 酸化還元反応
## ——酵素化学への展開

　ここでは，酸化還元反応について説明する．その中でも，カルボニル化合物の還元反応およびアルコールの酸化反応を中心に述べる．酸化還元法としては，現在，工業化されている反応のほとんどは化学試薬を用いる方法であるが，化学法と酵素法とは相補的な関係にあり，両方を紹介する．また，官能基，位置，立体選択的な反応は重要であるので，焦点をあてながら解説する．

## 5.1　化学試薬によるカルボニル化合物の官能基選択的還元

　アルデヒド，ケトン，エステル，カルボン酸などのカルボニル化合物のカルボニル炭素に，ヒドリド($H^-$)を求核剤として作用させると還元反応が起こり，アルコールが生成する(図5.1)．それらのカルボニル基の還元の容易さは，以下の順である．

アルデヒド＞ケトン＞エステル＞カルボン酸

カルボニル基の還元反応に使われる還元剤としては，水素化ホウ素ナトリウム($NaBH_4$)や水素化アルミニウムリチウム($LiAlH_4$)などがあげられる．これらの還元剤は還元力の強さが異なり，$NaBH_4 < LiAlH_4$である．また，低温で反応を行うことにより，還元力は弱くなる．これらの性質を利用して，官能基選択的な反応や位置選択的な還元反応が可能となる．たとえば図5.2に示すように，アセト酢酸メチルにはケ

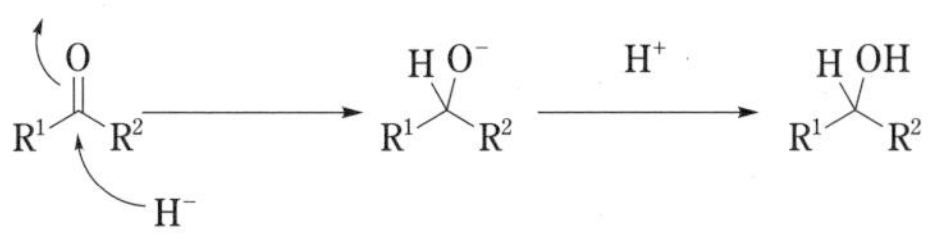

$H^-$ : $NaBH_4$, $LiAlH_4$

**図 5.1**　カルボニル化合物のヒドリド還元．

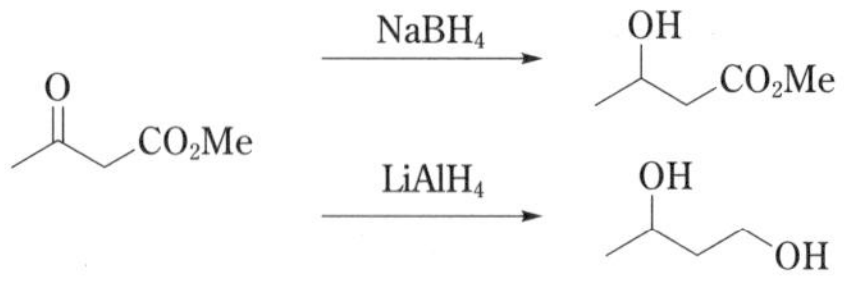

図 5.2 カルボニル化合物の官能基選択的還元反応.

トンとエステルが存在するが，$NaBH_4$ を用いるとケトンのみが還元され，$LiAlH_4$ を用いるとケトンおよびエステルの両方が還元される．

## 5.2 化学試薬によるカルボニル化合物の位置選択的還元

還元反応において，位置選択的な還元反応の開発は重要な課題である．図 5.3(a)に，2ヵ所にカルボニル基が存在するジケトンの $NaBH_4$ による還元反応を示す．通常は，$NaBH_4$ は還元されにくいエノンのカルボニル基も還元するが，ここでは低温で用いているため，エノンのカルボニル基の還元は起こらず，飽和ケトンのみで還元が起こる．この場合，メチル基の立体障害のために，ヒドリドはメチル基とは逆側からカルボニル炭素を攻撃しているので，シス体が得られている．また，図 5.3(b)に，抗がん剤であるタキソール中間体の合成における $NaBH_4$ 還元の例を示す．この場合には前述の例とは異なり，A環上のエノンのカルボニル基が選択的に還元されている．$NaBH_4$ は小さな還元剤であるにもかかわらず，B環は込み合っているため，このような選択性となった．これらの2例は，単純な分子の還元反応の位置選択性から複雑

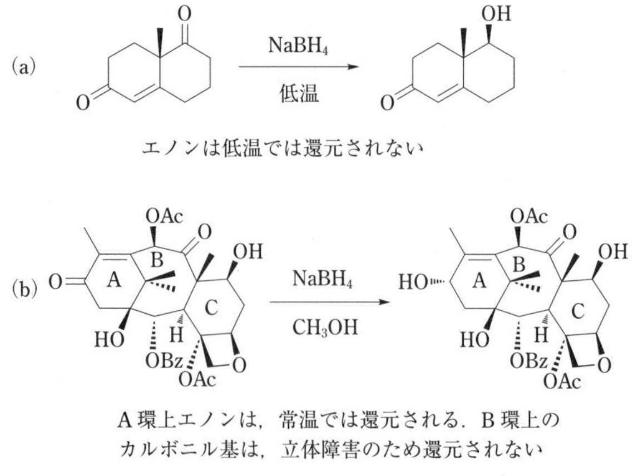

(a) エノンは低温では還元されない

(b) A環上エノンは，常温では還元される．B環上のカルボニル基は，立体障害のため還元されない

図 5.3 カルボニル化合物の位置選択的還元反応.

な分子の還元反応の位置選択性の予測が困難であり，いまだに選択性の高い試薬・反応の開発が重要であることを示している．

## 5.3　化学試薬によるカルボニル化合物の立体選択的還元

ここでは，化学試薬によるカルボニル化合物の立体選択的還元について述べる．2-メチルシクロヘキサノンの還元反応における還元剤のかさ高さが立体選択性に及ぼす影響を，図 5.4 に示す．$LiAlH_4$ や $NaBH_4$ では，トランス体が主生成物であるのに対して，$LiBH(s-C_4H_9)_3$（水酸化トリ($sec$-ブチル)ホウ素リチウム）や $LiBH[CHCH_3CH(CH_3)_2]_3$ の場合には，シス体が高い選択性で得られる．図 5.5 に示すように，かさ高い還元剤を用いる場合には，アキシアル方向からのカルボニル炭素へのヒドリド攻撃で，立体障害が生じるからである．

| 試薬 | trans | cis |
|---|---|---|
| $LiAlH_4$ | 75 | 25 |
| $NaBH_4$ | 69 | 31 |
| $LiBH(s-C_4H_9)_3$ | <1.5 | 98.5 |
| $LiBH[CHCH_3CH(CH_3)_2]_3$ | – | 99.5 |

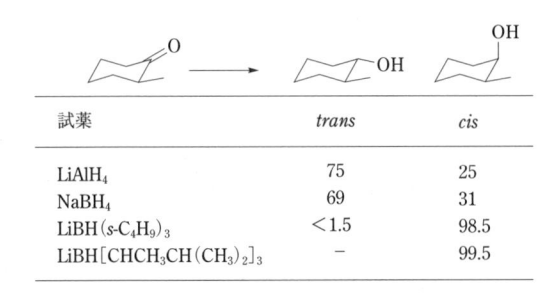

図 5.4　2-メチルシクロヘキサノンの還元反応における還元剤のかさ高さの影響．

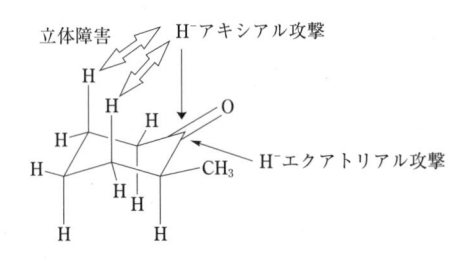

図 5.5　2-メチルシクロヘキサノンへのヒドリド攻撃における立体障害．

## 5.4　均一系触媒による不斉還元反応

ここでは，化学試薬によるカルボニル化合物の不斉還元について述べる．図 5.6 に，

5 酸化還元反応

オキサザボロリジン触媒

$R_S$：小さいほうの置換基
$R_L$：大きいほうの置換基

**図 5.6** 立体選択的・触媒的な不斉ヒドロホウ素化反応の機構.

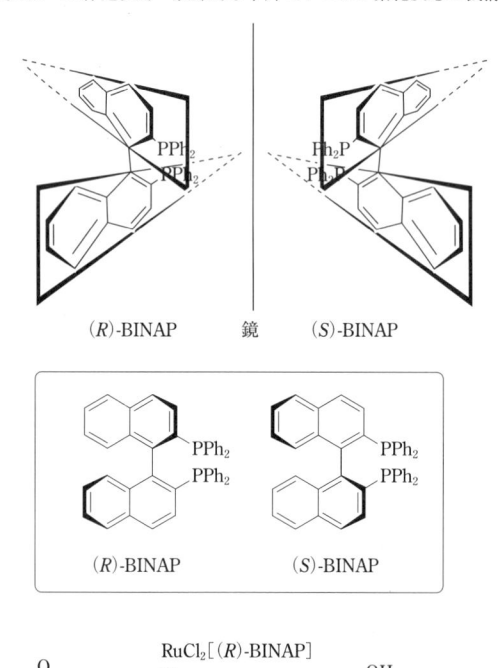

($R$)-BINAP　鏡　($S$)-BINAP

($R$)-BINAP　　($S$)-BINAP

**図 5.7** 不斉配位子である BINAP および野依不斉水素化反応.

触媒的な不斉ヒドロホウ素化反応の機構を示す．プロキラルなケトンの還元において，立体障害により片方のアルコールのみが選択的に得られている．

さらに，代表的な立体選択的な酸化還元反応として，野依良治および William S. Knowles（ウィリアム・ノールズ）による「不斉触媒による水素化反応」や，Barry Sharpless（バリー・シャープレス）による「不斉触媒による酸化反応」の研究（2001年のノーベル化学賞）があげられる．その触媒の代表的な不斉配位子である BINAP（バイナップ，2,2'-bis(diphenylphosphino)-1,1'-binaphthyl）を図 5.7 に示す．軸不斉のある化合物である．図に示す不斉還元反応では，BINAP はロジウムやルテニウムなどの遷移金属に配位し，均一系の接触水素化反応に非常にすぐれた触媒として働く．このような均一系の触媒は，分子レベルでの触媒の設計や反応の解析を行うことができる．

## 5.5　不均一系触媒による不斉還元反応

均一系触媒のみならず，固体触媒を用いる不斉還元反応の研究開発も行われている．化学物質の大量合成には，不均一系触媒（固体触媒）は，生成物の分離回収が容易であり，また一般に錯体触媒よりも耐久性が高いので，幅広く用いられている．そのため，不斉水素化反応においても，固体触媒の研究開発が行われてきた．たとえば，図 5.8 に示すような，Raney（ラネー）ニッケルと酒石酸を用いる反応の開発があげられる．Raney ニッケル触媒とは，ニッケルとアルミニウムの合金から作られる触媒である．その合金にアルカリ処理を行うとアルミニウムだけが溶解し，アルミニウムがもともとあった場所に穴が開き，非常に表面積の大きなニッケル金属が得られる．その表面で触媒反応は進行する．また，表面に酒石酸が存在すると，不斉還元反応が進行する．

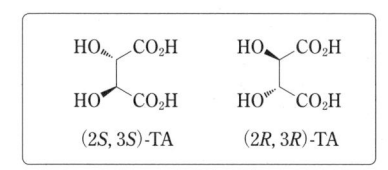

図 5.8　固体触媒（不均一系触媒）による立体選択的な水素化反応.

## 5.6 化学試薬によるアルコールの酸化反応

酸化反応においても，還元反応と同様に，温和な条件下での選択的な酸化反応の開発が求められている．図5.9に，代表的な3種類の方法の試薬をまとめる．

アルコールの酸化反応の機構を図5.10に示す．Cr(Ⅵ)やMn(Ⅶ)のような，高次の酸化状態にある金属(脱離基X)が酸素原子へ結合し，E2的な脱離反応でC=O結合が形成され，より低次の酸化状態の金属が追い出される．C-H結合の水素は，脱離の段階でプロトン($H^+$)として塩基に引き抜かれる．

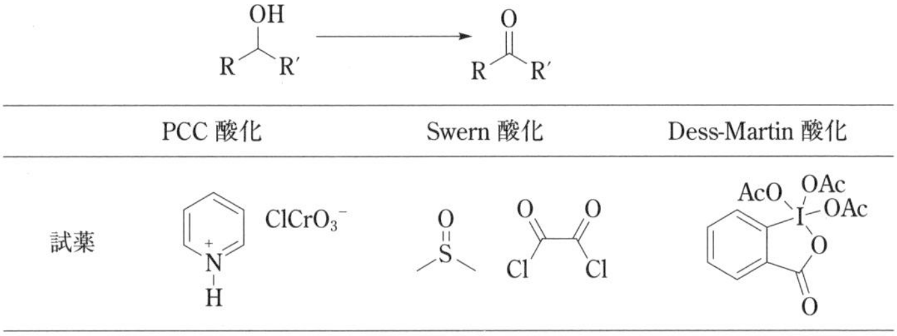

図 5.9 アルコールの酸化反応のための試薬．

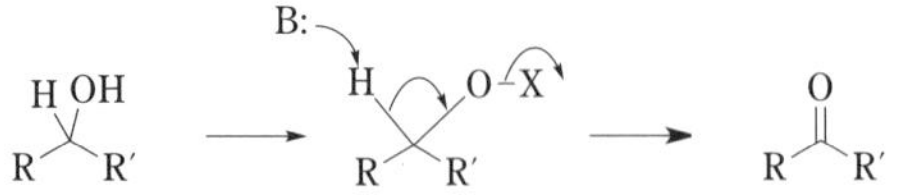

図 5.10 アルコールの酸化反応の機構．

Jones(ジョーンズ)試薬によるアルコールの酸化反応の機構を図5.11に示す．クロム酸とアルコールからクロム酸エステルが生成し，次にクロム酸エステルが分解して，ケトンが生成する．この反応の重水素効果を調べると，2-プロパノールのアセトン

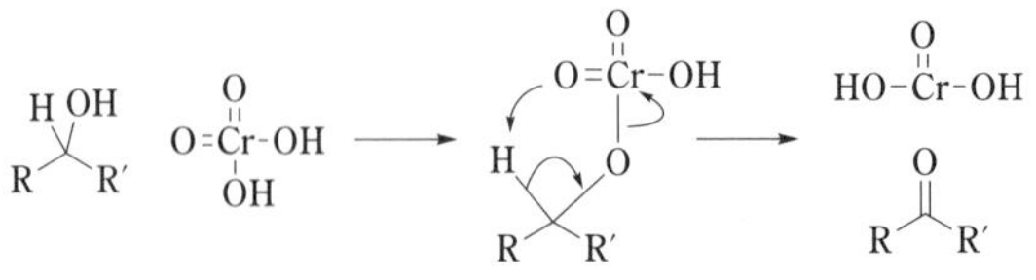

重水素効果
$(CH_3)_2CHOH/(CH_3)_2CDOH$
$k_H/k_D = 7.7$

図 5.11 クロム酸を用いるアルコールの酸化反応の機構．

への酸化において，$(CH_3)_2CHOH$ と $(CH_3)_2CDOH$ との反応速度比は $k_H/k_D = 7.7$ であるので，反応の律速段階は二段階めの水素引き抜き過程である．

重金属を利用しない酸化反応として重要である Swern（スワーン）酸化の反応機構を，図 5.12 に示す．Swern 酸化では，ジメチルスルホキシド（DMSO）を酸化剤として用い，塩化オキザリルは活性化試剤として用いられている．DMSO を塩化オキザリルにより活性化すると，塩化クロロジメチルスルホニウムが発生する．次にアルコールを添加すると，アルコキシスルホニウム塩が生成する．最後に塩基を加えると，カルボニル化合物が生成する．

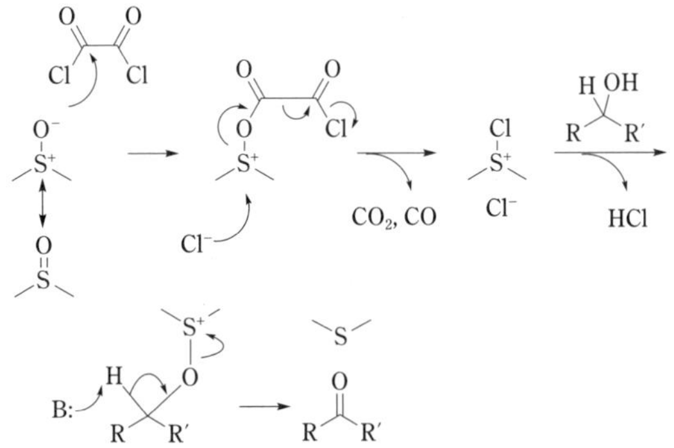

**図 5.12** Swern 酸化の反応機構．

図 5.13 に，超原子価のヨウ素を用いる方法である Dess-Martin（デス・マーチン）酸化の反応機構を示す．$o$-ヨード安息香酸を，硫酸存在下 $KBrO_3$ により処理し，次に

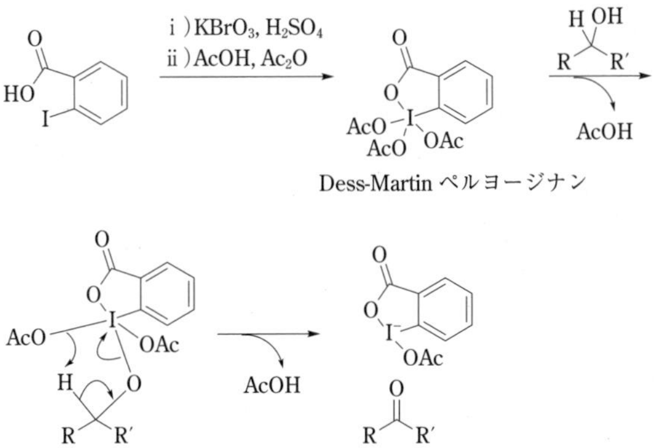

Dess-Martin ペルヨージナン

**図 5.13** Dess-Martin 酸化の反応機構．

酢酸および無水酢酸と反応させると，Dess-Martin ペルヨージナン（periodinane）が得られる．Dess-Martin ペルヨージナンは，アルコールをカルボニル化合物へと酸化させることができる．

　Swern 酸化や Dess-Martin 酸化は，実際に，抗がん剤であるタキソールの全合成などに用いられている（図 5.14）．図 5.14(b) に示す Dess-Martin 酸化においては，酸化されるアルコールは 2 ヵ所あるにもかかわらず，位置選択的な酸化反応が進行し，B 環上にあるヒドロキシル基のみが酸化される．これは，立体障害のため C 環上のヒドロキシル基は酸化されないからである．

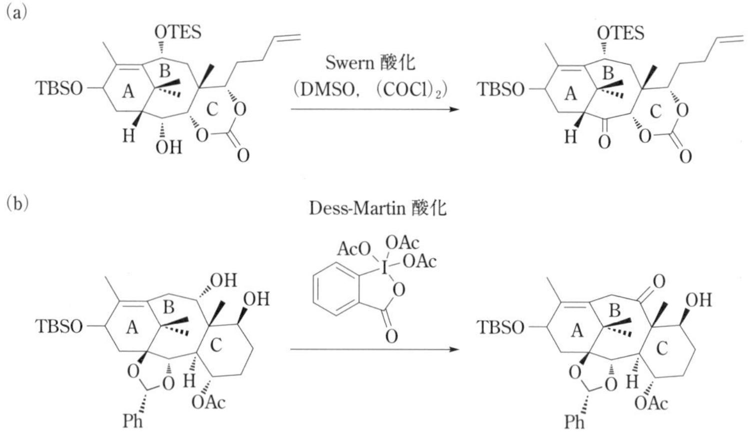

図 5.14　酸化反応を利用するタキソール中間体の合成例．

## 5.7　化学試薬によるオレフィンの不斉エポキシ化反応

　次に立体選択的な酸化反応について示す．香月-Sharpless（シャープレス）不斉エポキシ化は，光学活性酒石酸誘導体を利用したアリルアルコール誘導体の二重結合の不斉エポキシ化反応である（図 5.15）．この反応では，Ti(O$i$-Pr)$_4$ はルイス酸として，光学活性な酒石酸ジエチル（DET, diethyl tartrate）はキラル配位子として，$t$-BuOOH は酸化剤として働く．

## 5.8　不斉増幅現象

　本章では，化学試薬を用いる酸化還元反応の中で，とくに不斉合成について詳しく

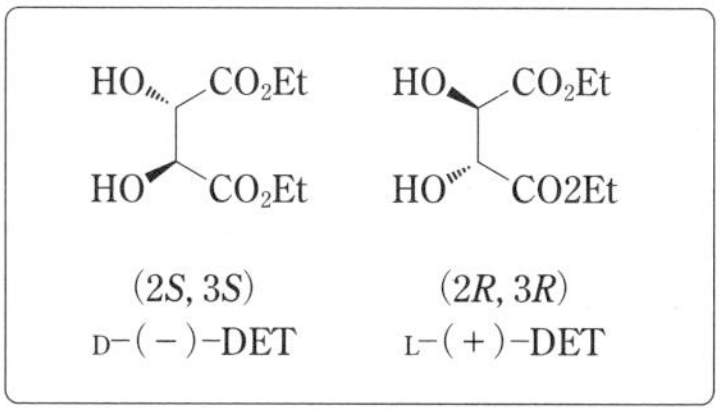


DET : diethyl tartarate（酒石酸ジエチル）

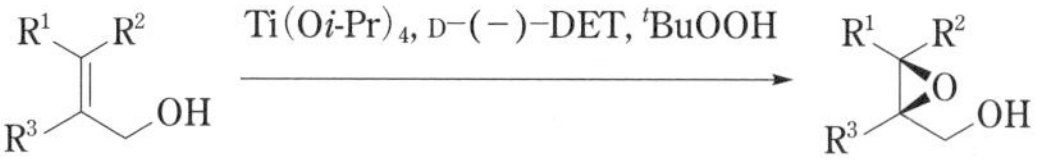


**図 5.15**　香月−Sharpless 不斉エポキシ化反応.

説明した．では，そもそも，なぜ不斉合成は必要なのだろうか．生体内の物質が光学活性体からできているため，医農薬の合成に，光学活性体が必要だからである．では，なぜ地球上のアミノ酸などの生体内の物質は光学活性体であり，それも片方のみがおもに存在するのだろうか．それには，不斉増幅現象がかかわっているかもしれない．

不斉反応において，通常は，触媒などの不斉源の ee（エナンチオマー過剰率）と生成物の ee が比例関係にある．しかし，比例関係にない場合があり，これが不斉反応の非線形現象である．その中で，不斉源（不斉配位子など）の ee よりも生成物の ee が高い場合が正の不斉増幅，逆に生成物の ee のほうが低い場合が負の不斉増幅である．通常は，基質に対して不斉触媒が単分子で作用するため，生成物の ee は不斉触媒の ee に比例する（図 5.16（a））．しかし，そうではなく，たとえば図 5.16（b）に示すように，不斉触媒の同じエナンチオマーどうしが二量体を作ったのちに基質に対する触媒作用を示す場合などに，不斉増幅が現れる．ヘテロダイマーのほうが安定性が高く活性が低い場合は，正の不斉増殖が起こる．実際に，1986 年に H. B. Kagan（カガン）らにより，(*R*,*R*)−(＋)−DET を用いるゲラニオールの Sharpless エポキシ化反応において，初めてこのような現象が見いだされた（図 5.16（c））．また逆に，ヘテロダイマーのほうが活性が高い場合は，負の不斉増殖が起こる．図 5.16（d）に示す例のように，(*R*,*R*)−(＋)−DET の存在下，$H_2O$ 改良 Sharpless 試薬によるスルフィドの酸化反応において，負の不斉増殖が見いだされた．

さて最初の問に戻り，なぜ地球上のアミノ酸などの生体内の物質は光学活性なのかであるが，たとえばアミノ酸合成において，地球上に最初に現れたアミノ酸が，たまたま少しだけ L 体のほうが多く，その後のアミノ酸の合成において不斉増幅が起こり，アミノ酸の ee はしだいに高くなり，現在では L 体のみに偏ったのかもしれない．

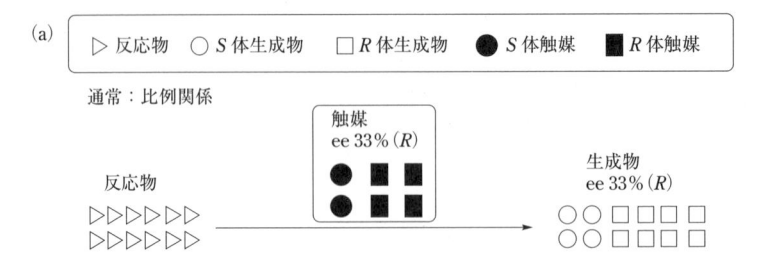

(a) ▷ 反応物　○ S体生成物　□ R体生成物　● S体触媒　■ R体触媒

通常：比例関係

触媒 ee 33%(R)

反応物 → 生成物 ee 33%(R)

(b) 正の不斉増殖：同じエナンチオマーどうしが二量体を作ったのちに，基質に対する触媒作用を示す場合

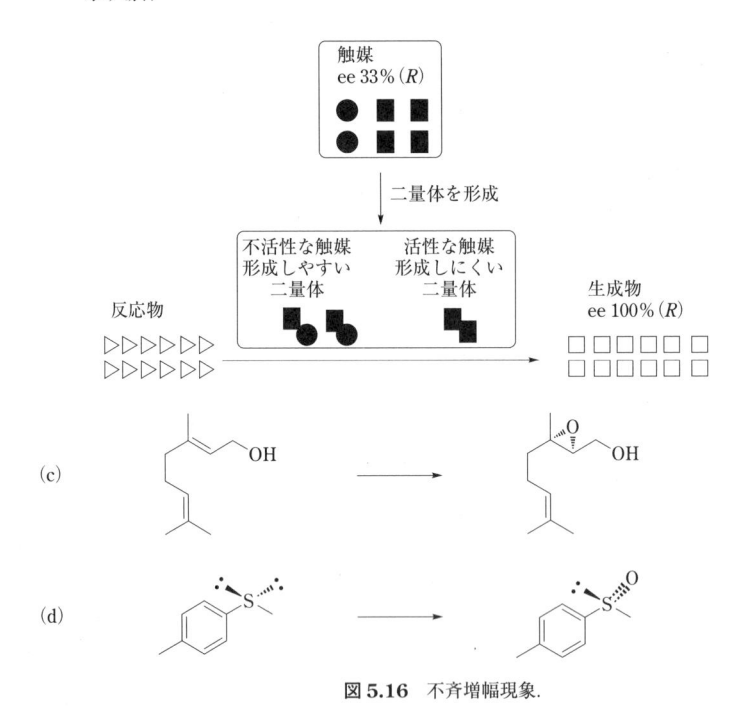

触媒 ee 33%(R)

↓ 二量体を形成

不活性な触媒 形成しやすい 二量体 ／ 活性な触媒 形成しにくい 二量体

反応物 → 生成物 ee 100%(R)

(c) [反応式]

(d) [反応式]

図 5.16　不斉増幅現象．

## 5.9　酵素を用いるカルボニル化合物の還元およびアルコールの酸化反応

酵素の大量発現技術の発達により，酵素の有機合成への利用は年々増加している．酸化還元反応においても，有機合成に利用できる酸化還元酵素の種類が増え，カルボニル化合物やオレフィンの還元，アルコールの酸化，オレフィンのエポキシ化，Baeyer-Villiger（バイヤー・ビリガー）酸化など，さまざまな反応が行われている．有

## 5.9 酵素を用いるカルボニル化合物の還元およびアルコールの酸化反応

機合成における酵素反応の特徴として，以下のことがあげられる．
1) 反応条件が温和である．温度は，室温付近であることが多い．
2) 反応溶媒として水を用いる．また，有機溶媒などを用いることもできる．
3) 毒性の強い触媒や反応剤を使わない．とくに酸化反応においては，過酸化物などの爆発性のある試薬を用いることなく反応を行うことができ，また還元反応においても，還元剤には糖などの安全な物質を用いる．

酵素による酸化還元反応は，EC 1 群に分類される酸化還元酵素により触媒される．多くの酸化還元酵素は，活性中心に鉄や銅などの金属元素が存在する．また酸化還元酵素は，酵素のみでは触媒活性を示さず，補酵素が必要となる．代表的な補酵素としては，ニコチンアミドアデニンジヌクレオチド(リン酸) (NAD(P)H)やフラビンアデニンジヌクレオチド(FADH$_2$)があげられる．その構造を図 5.17 に示す．

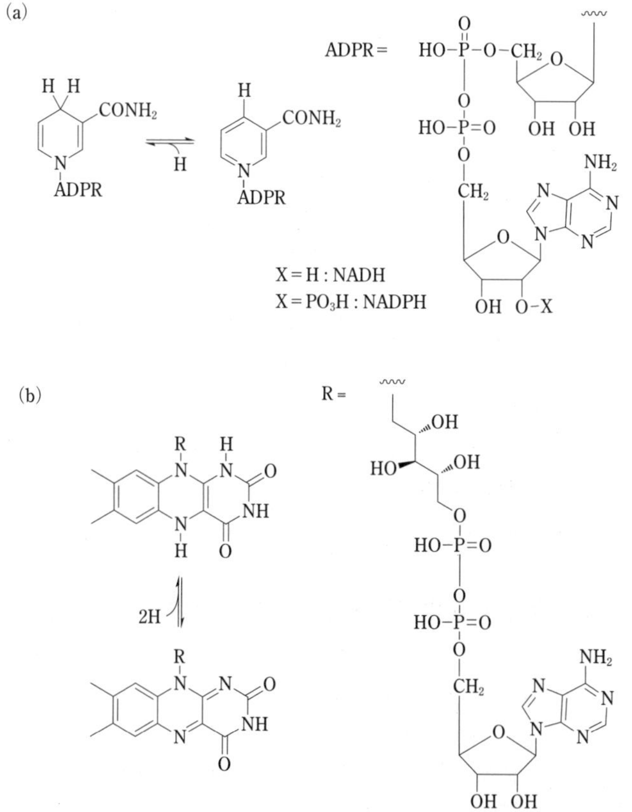

**図 5.17** 酸化還元に関与する代表的な補酵素の構造. (a) NAD(P)H, (b) FADH$_2$.

反応の前後で変化するのは反応剤の補酵素であり，酵素は触媒であるので変化しない．酸化反応では酸化型の補酵素は還元され，また還元反応では還元型の補酵素は酸化される．たとえば図 5.18 に示すように，アルコール脱水素酵素によるケトンの還元反応においては，補酵素は酸化される．そのため，次の触媒サイクルのためには，補酵素を還元型に戻す必要がある．

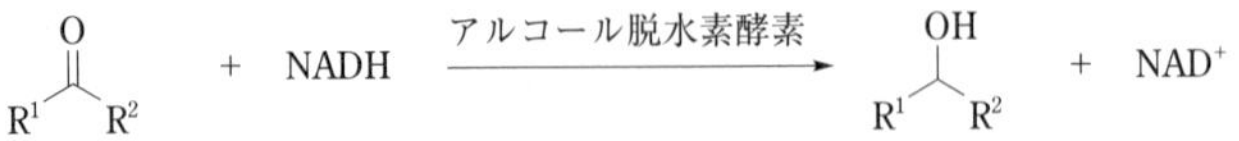

$$\underset{R^1\ R^2}{\overset{O}{\|}} + NADH \xrightarrow{\text{アルコール脱水素酵素}} \underset{R^1\ R^2}{\overset{OH}{|}} + NAD^+$$

**図 5.18** NAD(P)H を補酵素とするケトンのアルコール脱水素酵素による還元反応．

NAD(P)H の再生法を例にとり，図 5.19 に示す．図 5.19(a) に示す方法では，最初に基質の還元により，還元型の補酵素(NAD(P)H)は酸化型の補酵素(NAD(P)$^+$)へ変換される．次に 2-プロパノールがアセトンへと酸化され，酸化型の補酵素(NAD(P)$^+$)は還元型の補酵素(NAD(P)H)へ変換される．ここでは，同じアルコール脱水素酵素が，基質の還元と補酵素再生のために補助基質の酸化を行う(E1 = E2)．そのためこの方法では，補酵素再生のために新たに酵素を加える必要がないという利点がある．しかし，生成物のアルコールの逆反応やアセトンの還元反応が起こる場合には，両方の反応は平衡状態となるため，補助基質である 2-プロパノールは大過剰に用いる必要がある．

図 5.19(b) に示す方法は，NADH の再生のために，ギ酸およびギ酸脱水素酵素を加える方法である．この方法の利点は，副生成物として発生する二酸化炭素が自然に系外へ排出されるので，逆反応が起こらないことである．

図 5.19(c) には，NADPH の再生のために，グルコース-6-リン酸およびグルコース-6-リン酸脱水素酵素を加える方法を示す．この方法の利点も，補酵素再生系が不可逆な反応であるため，平衡状態とならないことである．

## 5.10 酵素を用いる酸化還元反応の立体選択性

酵素を用いる酸化還元反応の特徴としては，立体選択性が非常に高いことがあげられる．高選択的なカルボニル化合物の不斉還元や，ラセミ体のアルコールの選択的な酸化反応を行うことができる．NAD(P)H を利用する酵素反応による不斉還元の立体化学を，図 5.20 に示す．カルボニル基の $Re$ 面もしくは $Si$ 面のどちらにヒドリドが攻撃するか，および補酵素 NAD(P)H の $H_S$ もしくは $H_R$ のどちらのヒドリドが使用

5.10 酵素を用いる酸化還元反応の立体選択性

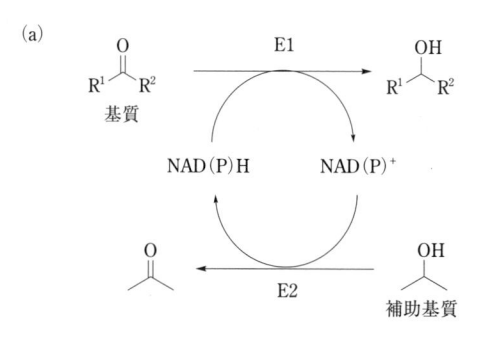

**図 5.19** NAD(P)Hの再生方法．(a)基質の還元および還元型の補酵素の再生に同一のアルコール脱水素酵素を利用する方法，(b)ギ酸およびギ酸脱水素酵素を利用する方法，(c)グルコース-6-リン酸およびグルコース-6-リン酸脱水素酵素を利用する方法．

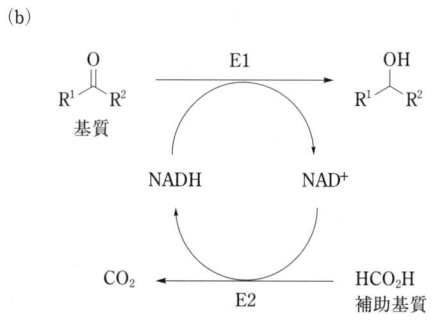

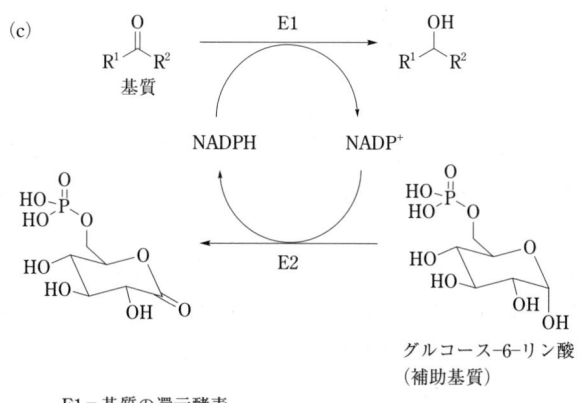

されるかによって，4種類のパターンがある．基質と酵素の立体的および電子的な相互作用により，どのパターンとなるかが決定される．

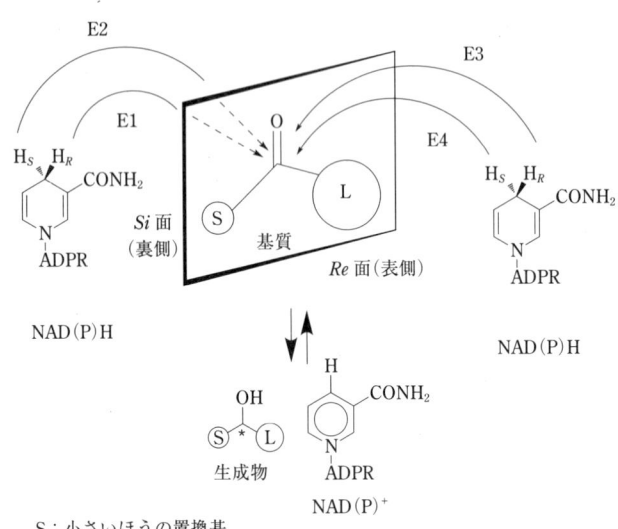

**図5.20** 補酵素としてNAD(P)Hを利用する酵素による不斉還元の立体化学．

## 5.11 酵素を用いるさまざまな酸化還元反応

酸化還元酵素を用いると，カルボニル化合物やアルコールの変換のみならず，さまざまな反応を行うことができる．代表的な反応例である，ケトン，ケトエステル，アルデヒド，二酸化炭素，オレフィンの還元を，図5.21に示す．また，アルコールの酸化，水酸化，エポキシ化，Baeyer-Villiger酸化，酸化的カップリングを図5.22に示す．酵素の立体認識能は非常に高く，たとえば図5.21(a)に示すケトンの不斉還元に関しては，3-ヘキサノンの還元反応において，エチル基とプロピル基を認識して，ee 98%のアルコールが生成する．また，反応部位から遠い位置にある不斉炭素の認識も，正確に行うことができる．たとえば図5.22(d)に示すBaeyer-Villiger酸化反応においては，反応点と不斉炭素は離れているが，反応は立体選択的に進行する．

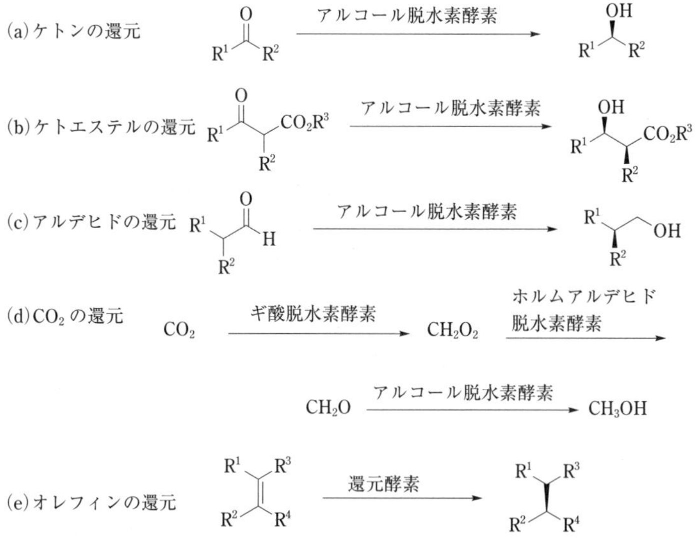

## 5.11 酵素を用いるさまざまな酸化還元反応

(a) ケトンの還元 — アルコール脱水素酵素

(b) ケトエステルの還元 — アルコール脱水素酵素

(c) アルデヒドの還元 — アルコール脱水素酵素

(d) $CO_2$ の還元: $CO_2$ →(ギ酸脱水素酵素)→ $CH_2O_2$ →(ホルムアルデヒド脱水素酵素)→ $CH_2O$ →(アルコール脱水素酵素)→ $CH_3OH$

(e) オレフィンの還元 — 還元酵素

**図 5.21** 酵素を用いる還元反応.

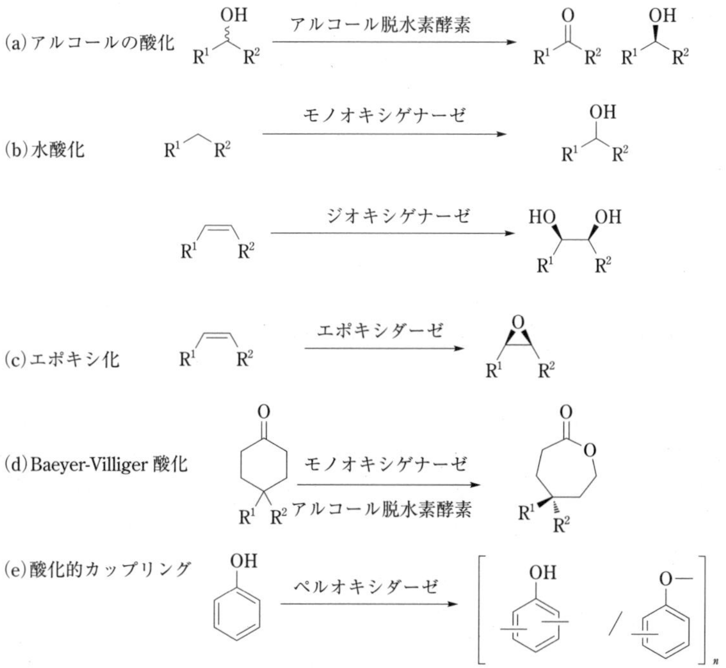

(a) アルコールの酸化 — アルコール脱水素酵素

(b) 水酸化 — モノオキシゲナーゼ

ジオキシゲナーゼ

(c) エポキシ化 — エポキシダーゼ

(d) Baeyer-Villiger 酸化 — モノオキシゲナーゼ / アルコール脱水素酵素

(e) 酸化的カップリング — ペルオキシダーゼ

**図 5.22** 酵素を用いる酸化反応.

## 5.12 酵素を用いる酸化還元反応によるデラセミ化反応

生体触媒反応では可能であるが，化学触媒反応では例がない反応が，デラセミ化反応である．デラセミ化反応とは，ラセミ体の化合物を光学活性体へと変換する反応である．反応機構を，図 5.23 に示す．複数の立体選択性の異なる酸化還元酵素（$S$ 酵素および $R$ 酵素）を必要とし，たとえば $S$ 酵素が触媒する反応は可逆反応であり，$R$ 酵素が触媒する反応が不可逆な場合，デラセミ化反応が行える．ケトンは，$S$ 体のアルコールおよび $R$ 体のアルコールの両方へと還元されるが，$S$ 体のアルコールは酸化されてケトンになるのに対して，$R$ 体のアルコールは酸化されないため系内に蓄積され，最終的には，系内へ残るのは $R$ 体のアルコールのみになる．

以上のように，酸化還元酵素を用いると，さまざまな高立体選択的反応を行うことができる．そのため，有機合成に酸化還元酵素は頻繁に用いられてきた．

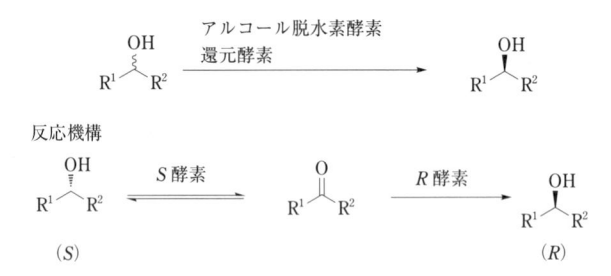

**図 5.23** 酵素反応によるデラセミ化反応．

## 5.13 加水分解酵素による有機合成反応

酵素の中で，有機合成試薬としての利用例が酸化還元酵素よりも多いのが，加水分解酵素である．とくにリパーゼは，図 5.24(a) に示すように，自然界でトリグリセリドを分解して脂肪酸を遊離する酵素であるので，有機化合物に対して耐性があり，有機溶媒中で容易に使用できる．また，耐熱性が高い安定な酵素が多数見いだされている．さらに，リパーゼの基質の認識は厳密ではなく，天然の基質のみならず幅広い人工的な基質を取り込み変換できることが，有機合成を行ううえで非常に有用なリパーゼの特徴である．

図 5.24(b) に示すように，リパーゼの反応は可逆であることがほとんどで，水中で

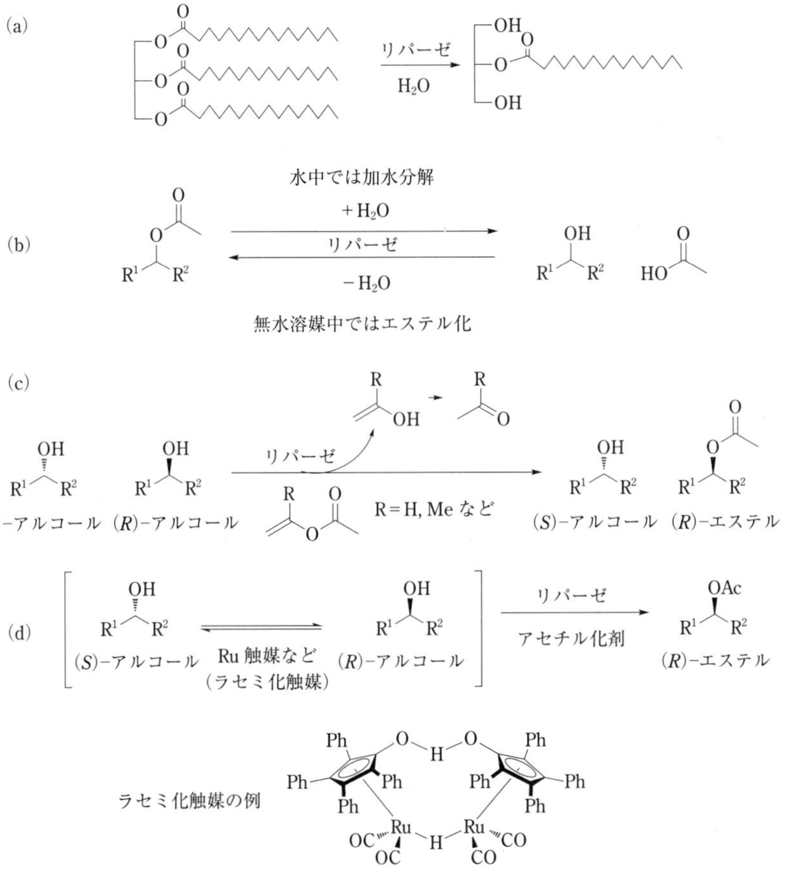

**図 5.24** リパーゼの反応．(a) 天然基質の反応，(b) 反応の可逆性，(c) 速度論的分割反応，(d) 動的速度論的分割反応．

は加水分解反応を触媒し，水分含量の少ない有機溶媒中ではエステル化反応を触媒する．またエステル合成の際には，反応の平衡を生成物側に偏らせるために，エステル化剤として図 5.24(c) に示すように，たとえばビニルアセテートが頻繁に用いられる．副生成物としてビニルアルコールを生じ，ビニルアルコールは，ケト-エノール互変異性による平衡がケト体に偏るのでアセトアルデヒドにすぐに変換されるため，逆反応が起こらないからである．リパーゼを光学活性体の合成に用いる場合には，図 5.24(c) に示すように，ラセミ体を基質とし，どちらか一方の異性体が変換され，逆側はアルコールとして残る速度論的分割反応となる．もしくは，反応しないほうのアルコールを化学触媒などによりラセミ化させ，理論上の最高で収率 100%，ee 100% となる

動的速度論的分割反応が行われる(図 5.24(d)).

速度論的分割反応の場合の立体選択性を示す指標としては，$E$ 値が用いられる．$E$ 値とは，両異性体の反応初速度の比である．図 5.25(a)に示すように，反応物の ee は反応の進行とともに向上し，逆に生成物の ee は反応の進行とともに低下するので，変換率により値が変化しない $E$ 値が指標となる．その計算方法を図 5.25(c)に示す．

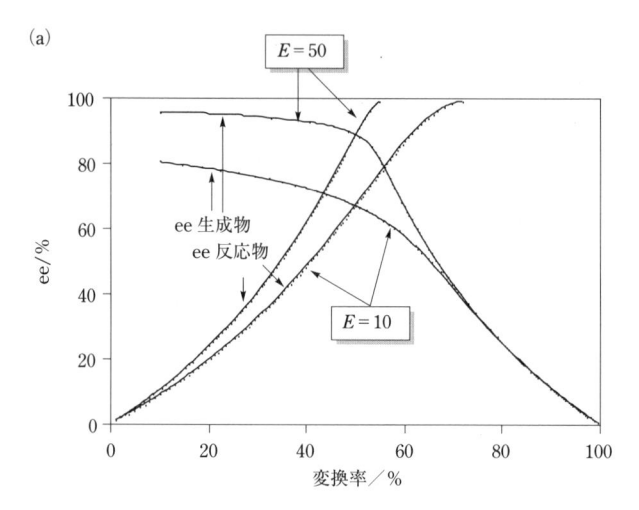

(a)

ee 生成物
ee 反応物

$E = 50$

$E = 10$

ee/%

変換率／%

(b) $S$ 体の反応速度のほうが $R$ 体の反応速度よりも速い場合

$$E = \frac{V_S/K_S}{V_R/K_R} \qquad \begin{array}{l} V：最大速度 \\ K：\text{Michaelis}(ミカエリス)定数 \end{array}$$

ラセミ体の反応においては，

$$E = \frac{S \text{ 体の反応初速度}}{R \text{ 体の反応初速度}}$$

(c) 変換率と ee からの $E$ 値の計算方法(conv：変換率)

$$E = \frac{\ln[(1-\text{conv}) \times (1-\text{ee}(反応物))]}{\ln[(1-\text{conv}) \times (1+\text{ee}(反応物))]}$$

$$E = \frac{\ln[1-\text{conv} \times (1+\text{ee}(生成物))]}{\ln[1-\text{conv} \times (1-\text{ee}(生成物))]}$$

**図 5.25** 速度論的分割反応の立体選択性．(a)変換率 ee および $E$ 値の関係，(b) $E$ 値の定義，(c) $E$ 値の計算方法．

## 5.13 加水分解酵素による有機合成反応

　最後に酵素反応の工業化の例を示す．リパーゼをはじめ加水分解酵素は，医薬品製造などその工業化の例が多いが，その中でもスケールが非常に大きい酵素として，ニトリルヒドラターゼがあげられる．図 5.26 に示すアクリルアミドの合成や，ニコチンアミドや 5-シアノ吉草酸の製造が工業化されており，グリーンプロセスとして注目を浴びている．

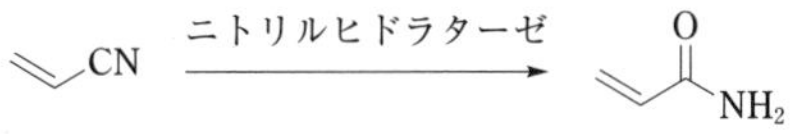

$$\text{CH}_2=\text{CH-CN} \xrightarrow{\text{ニトリルヒドラターゼ}} \text{CH}_2=\text{CH-C(=O)NH}_2$$

**図 5.26** ニトリルヒドラターゼによるアクリルアミドの生産．

# 6 アミンの合成と反応性
## ──バイオ複合体への展開

 塩基性を示す有機化合物の中で最も重要な化合物の1つに，アミンがある．生体分子としても，アミノ酸，核酸，アルカロイドの成分として重要な役割を果たしている．アミンは水素結合性が高く，求核剤として作用する場合が多い．ここでは，その製法・反応性について焦点を絞って概説する．

## 6.1 アミンの調製法

### 6.1.1 ニトロ基の還元

 接触水素化または金属による還元方法により，ニトロ化合物をアミンにすることができる．図6.1のように，ニトロ化合物とスズの混合物に塩酸を添加し，その後，塩基を加えてアミンを遊離させると，対応するアミンを得る．一般に，原料のニトロ化合物が不純物として含まれている場合があるが，アミンは塩基性がある点を利用して，水溶液による抽出などで精製分離されている．

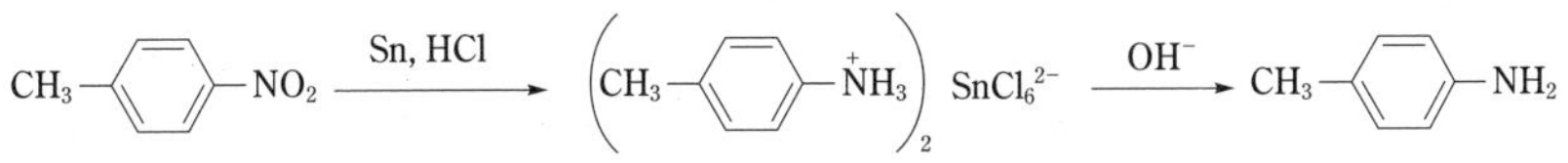

$$CH_3-\bigcirc-NO_2 \xrightarrow{Sn, HCl} \left(CH_3-\bigcirc-\overset{+}{N}H_3\right)_2 SnCl_6^{2-} \xrightarrow{OH^-} CH_3-\bigcirc-NH_2$$

**図 6.1** ニトロ基の還元による $p$-トルイジンの合成．

### 6.1.2 アルキル化による合成

 アルキル化によるアミンの合成において，ハロアルカンと第一級アミンにより，第二，第三級，または対応する第四級アンモニウム塩を生じる(図6.2)．図のように，得られる生成物が混合物として得られることが欠点の1つである．また，置換反応と競争的

$$CH_3Br + NH_3 \longrightarrow CH_3NH_3^+Br^- \xrightarrow{NH_3} CH_3NH_2$$

$$CH_3NH_2 \xrightarrow{CH_3Br} (CH_3)_2NH \xrightarrow{CH_3Br} (CH_3)_3N \xrightarrow{CH_3Br} (CH_3)_4N^+Br^-$$

図 6.2　ハロゲン化物のアンモノリシスによるアミンの合成.

に脱離反応が起きてしまう場合もあり，合成方法としては制限されることが多い．

## 6.1.3 ニトリル還元による合成

シアン化物イオンによって，ハロアルカンはニトリルに変換されて還元すると，アミンが生成する．前項と異なり，アミンのアルキル化が複数回起こることはなく，副反応は多く起こらない．またこの場合，アミンのアルキル化の炭素数を1つ増加する反応である（図6.3）．

$$CH_3Br + NaCN \xrightarrow{NaBr} CH_3CN \xrightarrow{H_2} CH_3CH_2NH_2$$

図 6.3　ハロアルカンのニトリルを経由するアミンの合成.

## 6.1.4 アジドの還元による合成

炭素数を増加することなくアミンにするためには，アジ化物イオンが用いられる（図6.4）．これは，最初のアルキル化が起こるとそれ以上反応しなくなる含窒素求核剤である．ハロアルカンと反応してアルキルアジドとなり，LiAH$_4$ あるいは接触還元などで，第一級アミンが生成する．アジドは弱塩基なので，脱離反応は抑制される．

$$RBr \xrightarrow{Na^+N^-=N^+=N^-} RN_3 \xrightarrow[\text{ii})H_3O^+]{\text{i})LiAlH_4} RNH_2$$

図 6.4　ハロアルカンのアジ化物を経由するアミンの合成.

## 6.1.5 Gabriel（ガブリエル）合成

フタルイミドのイオン化物を用いて，第一級アミンを用いる方法である（図6.5）．この場合も 6.1.3, 6.1.4 項と同じく，複数回アルキル化することはなく，この塩とハ

図6.5 Gabriel合成により調製した第一級アミン.

ロアルカンとの反応で$N$-アルキルフタルイミドが生じ，ヒドラジンを作用させることにより，対応するアルキルアミンが生成する．

## 6.1.6 還元的アミノ化による合成

アルデヒドまたはケトンの還元的アミノ化により，アミンが合成される．

カルボニル化合物とアミンによるイミン（Schiff（シッフ）塩基ともよばれる）の形成ののちに，シアノ水素化ホウ素ナトリウムなどの還元剤により還元することで，アミンが合成される（図6.6）．この場合に用いられる還元剤としては，原料のカルボニル化合物に作用せずイミンにのみ働く還元剤を用いる必要がある．

図6.6 イミンの還元反応による合成.

イミンの関与する反応の例として，生体内での代謝におけるアミノ基の交換反応があげられる．以下のように，トランスアミナーゼというアミノ酸交換反応である（図6.7）．L-アラニンからL-グルタミン酸が生成する反応は，単にアミノ基が移動する

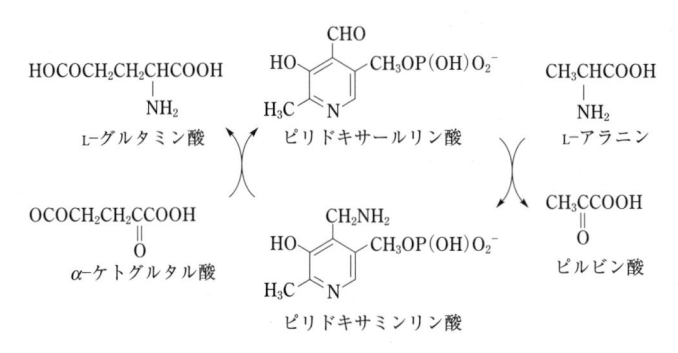

図6.7 トランスアミナーゼ触媒反応による変換.

だけではなく，補酵素であるピリドキサールリン酸のイミノ化を経由している．すなわち，ピリドキサールリン酸中のカルボニル基は，アラニンのアミノ基とイミンを形成して，ピリドキサミンリン酸となる．これとグルタミン酸前駆体の $\alpha$-ケトグルタル酸のカルボニル基と反応してグルタミン酸が生成し，ピリドキサールリン酸が再生される．

### 6.1.7 イソシアナートによる合成

イソシアナートと作用させたのちに，それに続く還元は，第二級アミンの合成法として用いられる（図 6.8）．

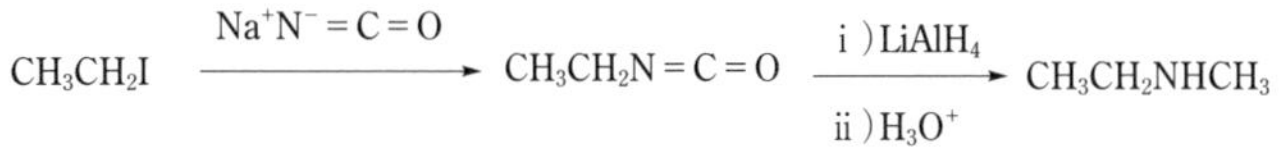

$$CH_3CH_2I \xrightarrow{Na^+N^-=C=O} CH_3CH_2N=C=O \xrightarrow[\text{ii})H_3O^+]{\text{i})LiAlH_4} CH_3CH_2NHCH_3$$

図 6.8　イソシアナートを経由する第二級アミンの合成．

### 6.1.8 Hofmann（ホフマン）転位による合成

強塩基の存在下で，塩素で酸化することにより第一級アミドをアミンに変換することができる（図 6.9）．この場合，カルボニル基の炭素は二酸化炭素として脱離するので，炭素数が1つ減ったアミンを与える．

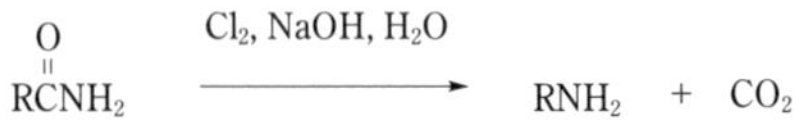

$$\underset{RCNH_2}{\overset{O}{\|}} \xrightarrow{Cl_2,\ NaOH,\ H_2O} RNH_2\ +\ CO_2$$

図 6.9　Hofmann 転位による第一級アミドからの合成．

### 6.1.9 カルボン酸アミドからの合成

水素化アルミニウムリチウムでカルボン酸アミドを還元すると，対応するアミンに変換される．この場合は前項とは異なり，炭素数の増減はない（図 6.10）．

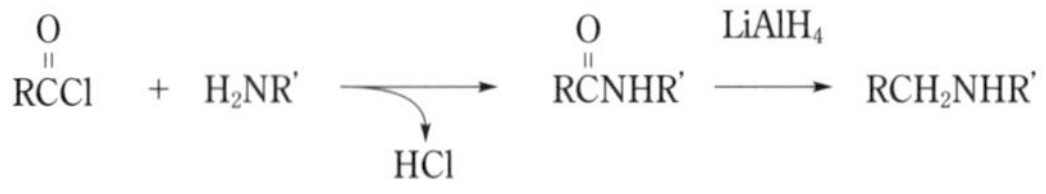

$$\underset{RCCl}{\overset{O}{\|}}\ +\ H_2NR' \xrightarrow[HCl]{} \underset{RCNHR'}{\overset{O}{\|}} \xrightarrow{LiAlH_4} RCH_2NHR'$$

図 6.10　カルボン酸アミドからの還元反応による合成．

## 6.2 アミンの反応性

### 6.2.1 Hofmann（ホフマン）脱離

アミンのアルキル化によって生じる第四級アンモニウム塩は，強塩基の存在下でアルケンに変換される（図 6.11）．

$$RCH_2CH_2NH_2 \xrightarrow{CH_3I, K_2CO_3} RCH_2CH_2N^+(CH_3)_3I^- \xrightarrow{Ag_2O, H_2O}$$

$$RCH_2CH_2N^+(CH_3)_3OH^- \xrightarrow{\Delta} RCH=CH_2 \ + \ N(CH_3)_3 \ + \ H_2O$$

**図 6.11** Hofmann 脱離によるアルケンの生成反応．

### 6.2.2 Mannich（マンニッヒ）反応

還元的アミノ化反応のように，カルボニル化合物とアミンとの反応は多岐にわたり，図 6.12 のように，アミンとアルデヒドと α-水素のあるケトンにより，β-アミノケトンを生成する．この反応の第一段階は，アミンとホルムアルデヒドによるイミニウムカチオンの生成で，これが求電子体となってケトンとなる．

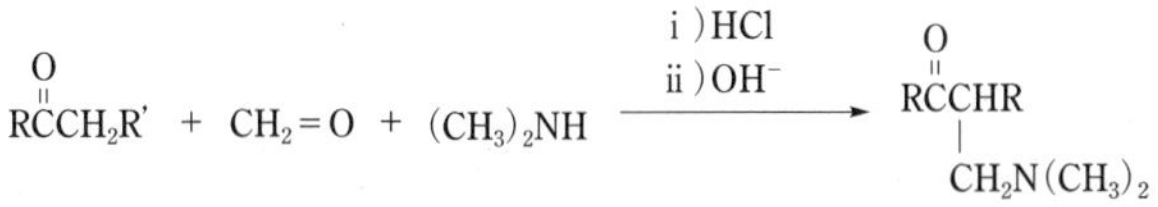

$$\underset{\text{RCCH}_2\text{R'}}{\overset{O}{\|}} + CH_2=O + (CH_3)_2NH \xrightarrow[\text{ii) OH}^-]{\text{i) HCl}} \underset{\underset{CH_2N(CH_3)_2}{|}}{\overset{O}{\underset{\|}{RCCHR}}}$$

**図 6.12** Mannich 反応による β-アミノケトンの生成．

### 6.2.3 芳香族ニトロ化合物の還元によるジアゾニウム塩への変換

芳香族第一級アミンは容易にジアゾニウム塩に変換され，ハロゲン化物，水酸化物などに置換されたり，特定の芳香族化合物とカップリングしてアゾ化合物を与え，オレンジ II などの染料を調製することができる（図 6.13）．

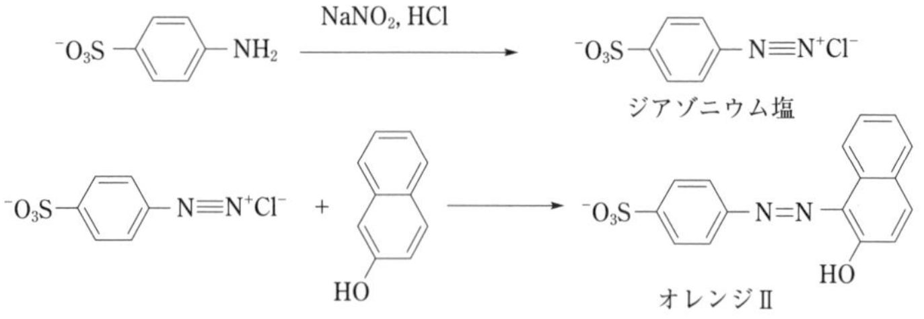

**図6.13** ジアゾニウム塩の調製とカップリング反応.

### 6.2.4 ニトロソ化反応

前項と異なり，第二級アミンまたは芳香族アミンの場合には，$N$-ニトロソアミンが生成する（図6.14）.

**図6.14** ニトロソ化反応.

## 6.3 バイオ複合体調製手法への適用

### 6.3.1 クリックケミストリー

最近，簡便で安定な結合を作るいくつかの反応を用い，新規な機能性分子を作り出す手法が，Scripps（スクリプス）研究所の K. B. Sharpless（シャープレス）により提唱された．この方法は，すばやく副反応の抑えられた確実な結合を作る様子を表すことから，「クリック」ケミストリーと名づけられている．その中の代表的反応に，図6.15のようなアジドとアルキンの付加環化によるトリアゾール環の形成反応がある．この反応は，核酸，タンパク質や多糖のような生体高分子について，蛍光分子のラベル化などの化学修飾に用いられたり，DNAチップなど固体基板への固定化にも用いられている．

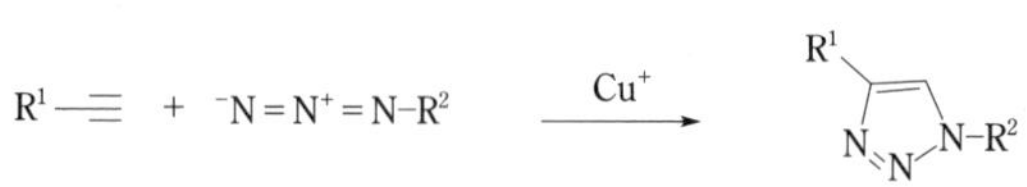

**図6.15** アジド-アルキン付加反応によるトリアゾール環化反応.

## 6.3.2 Shiff(シッフ)塩基

　タンパク質やペプチドをはじめとする生体分子には，上述のようにアミノ基含有のものが多くあることから，上記のようなバイオ複合体作成には，ケトン，アルデヒドなどの化合物と Shiff 塩基を形成させて，修飾，固定化する例が多くみられる．また糖鎖修飾には，還元末端のアルデヒドを還元的アミノ化により蛍光ラベル化することによって，微量分析が可能となっている．図 6.16 に，蛍光性の 2-アミノピリジン修飾の例を示す．

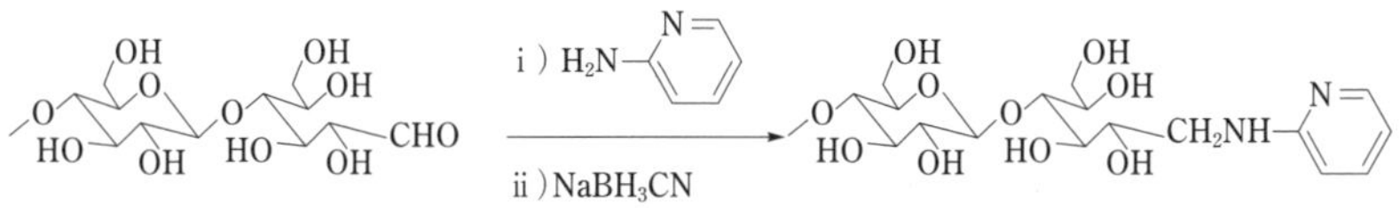

**図 6.16** 糖鎖の還元末端への蛍光性 2-アミノピリジンの修飾．

　以上，アミンの塩基性，求核性をもとにした反応性や製法を例示しながら概説した．生化学・生物科学的観点からも，タンパク質，核酸，多糖や脂質など生体分子を扱ううえで，アミンの化学は重要である．また，アミンの反応性を利用するバイオ複合体の創製は，述べた方法以外にもいくつもあり，有機化学を専門としなくても必要であることはいうまでもない．

# 7 脱離反応——生体分子への展開

## 7.1 脱離反応

### 7.1.1 脱離反応の種類とアルケンの安定性

　ハロゲンなどの脱離基(X)を有する化合物からXが脱離するとともに，β位の炭素に結合した水素原子がプロトンとして引き抜かれ，アルケンが生じる．このような反応を一般的に脱離(β脱離)反応という(図7.1a)．

　脱離反応は，プロトンの引き抜きと脱離基と遊離のタイミングに着目して3つの反応機構に分類される．すなわち，プロトンの引き抜きとXの遊離が同時に起きる二分子脱離(E2)反応(図7.1(a)①)，最初にXが遊離してカルボカチオンが生じ，ついでプロトンの引き抜きが起きる一分子脱離(E1)反応(図7.1(a)②)，プロトンの引き抜きが最初に起き，生じたカルバニオンからXが遊離してアルケンを生じるE1cB反応(図7.1(a)③)，の3つである．これらの反応のうちどの機構で脱離反応が進行するかは，出発物質の構造や用いる塩基(B:)の種類，反応溶媒や反応温度などの反応条件に依存する．

　構造が複雑な化合物に対して脱離反応を行うと，複数の異なるアルケンを生成する場合がある．このような場合には，「二重結合により多くの置換基が結合した熱力学的により安定なアルケンが主に生成する」というSaytzev(セ(ザ)イチェフ)則に従って，主生成物を予測できることが多い．図7.1(b)にSaytzev則に従う脱離反応の例を示す．2-ブロモヘキサンに塩基を作用するとE2反応が進行する．生成物としては，二重結合に2つ置換基が生成した二置換アルケン(2-ヘキセン)と，末端に二重結合をもつ一置換アルケン(1-ヘキセン)が考えられる．ここではSaytzev則を適用することで，主生成物は二置換アルケンであると予想することができる．一般にアルケンの

# 7 脱離反応

(a) いろいろな脱離反応

脱離反応の一般式

① E2反応

② E1反応

③ E1cB反応

(b) Saytzev則に従う脱離反応の例

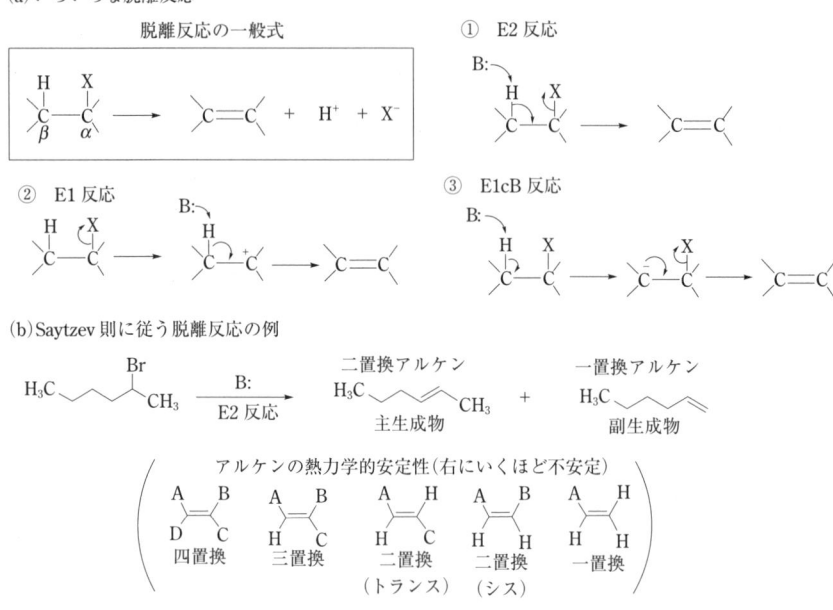

**図 7.1** いろいろな脱離反応の様式と Saytzev 則.

熱力学的安定性は，四置換アルケン＞三置換アルケン＞*trans*-二置換アルケン＞*cis*-二置換アルケン＞一置換アルケンの順で低下する．

## 7.1.2 二分子脱離(E2)反応

### A. E2反応の立体化学——アンチ脱離

(2*R*, 3*S*)-2-ブロモ-3-メチルペンタンをナトリウムエチラートと反応させ E2 反応を行うと，Saytzev 則に従い 3-メチル-2-ペンテンが生成するが，その際 *Z* 体のみが生成し，*E* 体は生成しない．

この立体選択性は，図 7.2 のようにアンチ脱離の反応機構を描くことで理解できる．(2*R*, 3*S*)-2-ブロモ-3-メチルペンタンを，図の左端のように，Br とエトキシドにより引き抜かれるプロトンがアンチの位置関係になるように配座を描いてみる．そうすると，3 位のメチル基とエチル基が，ともに紙面の向こう側に位置することがわかる．この配座から脱離反応が進行するので，これらの基が同じ側にある *Z* 体が生成するのである．

一方，*E* 体が生成するには，3 位のメチル基とエチル基が紙面をはさんで逆側にある配座，すなわち図の右端の配座から脱離が進行しなくてはならない．この場合，引

**図 7.2** E2 反応による(2R, 3S)-2-ブロモ-3-メチルペンタンから 3-メチル-2-ペンテンの生成.

き抜かれるプロトンと Br はアンチの位置関係ではなく，シン配置にあるのがわかる．このような配座からの E2 反応はエネルギー的に不利となるため進行しない．したがって，この脱離反応では *E* 体ではなく *Z* 体が生成する．

アンチ脱離の反応機構を理解するためのもう 1 つの例を図 7.3 に示す．シクロヘキサン誘導体の塩化メンチルに対して E2 反応を行うと，図に示す二置換アルケンがゆっくりと生成する．これに対し，Cl 基が結合した炭素原子の立体配置が異なるジアステレオ異性体に同様に E2 反応を行うと，主生成物の三置換アルケンと副生成物の二置換アルケンが迅速に生成する．この生成物および反応速度の違いを，シクロヘ

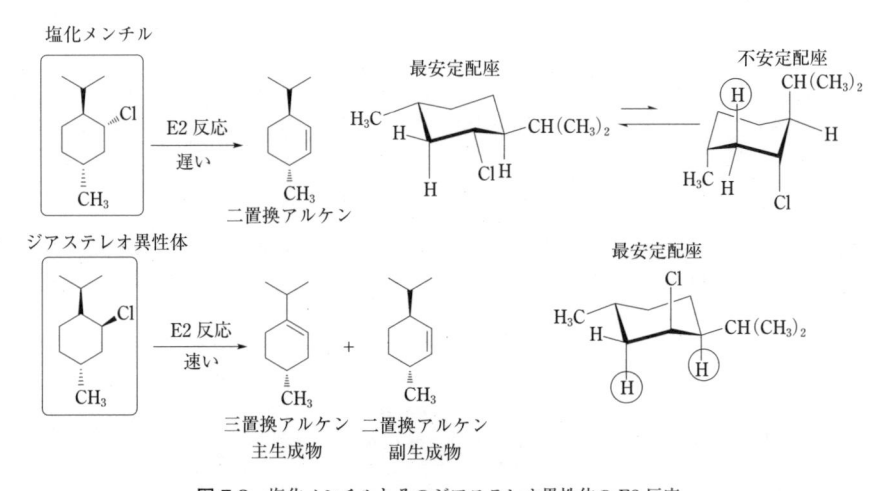

**図 7.3** 塩化メンチルとそのジアステレオ異性体の E2 反応.

キサン環の安定配座とアンチ脱離の反応機構を考えることで説明してみよう．

　塩化メンチルの最安定配座は嵩高いイソプロピル基がエクアトリアル位に位置する配座である（図 7.3）．しかし，この最安定配座では Cl 基に対してアンチの位置に脱離できるプロトンがないので，この配座からは E2 反応は進行しない．その一方，反応溶液中にわずかに存在すると考えられる，イソプロピル基やメチル基がアキシアルに配向する不安定配座においては，○をつけたプロトンが Cl 基とアンチの関係になるため，E2 反応が進行するのに適している．つまり，塩化メンチルの E2 反応は最安定配座からではなく，存在量の少ない不安定配座から進行するため，反応がゆっくりとしか進行しないのである．また，この配座からアンチ脱離で反応が進行した場合，二置換アルケンしか生成しないこともわかるだろう．

　一方，ジアステレオ異性体の場合は，その最安定配座において○をつけた 2 つのプロトンが Cl 基に対してアンチの関係にあるため，容易に E2 反応が進行し，三置換アルケンと二置換アルケンを迅速に与えている．三置換アルケンが主生成物となる理由は，7.1.1 項に述べた Saytzev 則で説明される．

### B．脱離基 X の種類

　E2 反応において脱離基 X としてよく用いられるものを図 7.4 に示す．これらの脱離基はおもに 3 種類に分類される．まず第 1 のグループはハロゲンなど電気陰性度が高く，安定なアニオンを与える元素である．2 番めのグループはスルホニルオキシ基，カルボキシ基など脱離後に非局在化により負電荷が安定化される基である．また第 3 のグループのオキソニウム，アンモニウムなどは脱離後にそれぞれアルコール（R = H の場合は水），第三級アミンなどの安定な化合物となるため，脱離能が高い．詳しくは，1.6 節（p.13）を参照されたい．

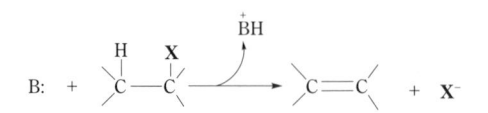

| アニオンとして安定な元素 | | 非局在化により負電荷が安定化されうる基 | | 遊離後安定な化合物となる基 | |
|---|---|---|---|---|---|
| $-X$ | $X^-$ | $-X$ | $X^-$ | $X$ | $X^-$ |
| $-I$ | $I^-$ | $-O-S(=O)_2-R$ | $^-O-S(=O)_2-R$ | $-\overset{+}{O}(H)-R$ | $HO-R$ |
| $-Br$ | $Br^-$ | | | | |
| $-Cl$ | $Cl^-$ | $-O-C(=O)-R$ | $^-O-C(=O)-R$ | $-\overset{+}{N}R_2-R$ | $NR_2-R$ |
| $-F$ | $F^-$ | | | | |

**図 7.4**　いろいろな脱離基．

## C. 塩基(B:)の種類

E2反応において塩基(B:)としてよく用いられるものを，図7.5(a)に示す．一般的には，適当な脱離基を有する化合物に対し，水酸化物イオン($HO^-$)，アルコキシド($RO^-$)，アミン($R_2NH$)，アミド($R_2N^-$)などの塩基を作用させることができる．しかし，これらの塩基を用いるE2反応においては，目的とするE2反応だけではなく，二分子求核置換反応($S_N2$反応)が副反応として進行することがある．そこで，有機合成化学など目的のE2反応生成物だけを高収率で得る必要がある場合には，この副反応を防ぐために強い塩基性は保持しつつ求核性を弱めた塩基を用いる必要がある．

そのような塩基として，$t$-$BuO^-$やHunig(ヒューニッヒ)塩基，1,8-ジアザビシクロ[5.4.0]-7-ウンデセン(DBU)，1,5-ジアザビシクロ[4.3.0]-5-ノネン(DBN)などのかさ高い塩基がある．これらの塩基は，$t$-ブチル基やイソプロピル基などかさ高い置換基を有しているため，脱離基の付け根の炭素原子には接近しにくく，求核置換反応が進行しにくい．その一方で，空間的に比較的空いているプロトンへは接近できるため，E2反応へとつながるプロトン引き抜きは，それほど影響を受けない．たとえば図7.5(b)に示すように，1-ブロモペンタンに求核性の強い塩基である$OH^-$を作用させると$S_N2$反応が進行して，アルコールを主生成物として与えるのに対し，かさ高く

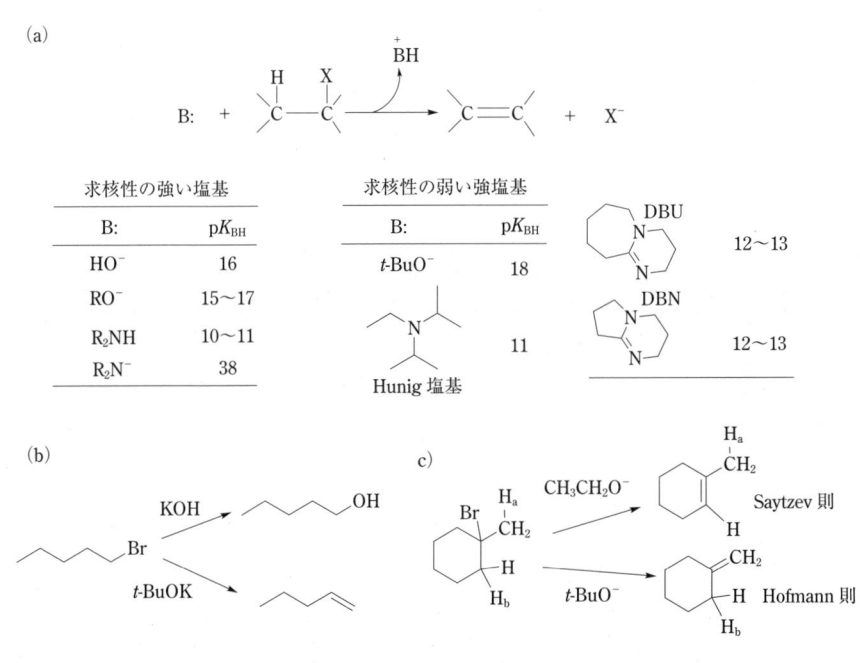

**図7.5** いろいろな塩基(B:)．$pK_{BH}$：塩基(B)に対する共役酸(BH)の$pK_a$．

求核性の弱い塩基である $t$-BuO$^-$ を反応させると，$S_N2$ 反応よりも E2 反応が優先し，アルケンを主生成部物として与える．

このようなかさ高い塩基を用いて E2 反応を行う場合は，生成物の二重結合の位置にも注意しなくてはならない．図 7.5(c) に示すように，1-ブロモ-メチルシクロヘキサンをエトキシド(EtO$^-$)と反応させると H$_b$ と Br が脱離し，通常の Saytzev 則に従った 1-メチルシクロヘキセンが主生成物として得られる．一方，エトキシドのかわりに，$t$-ブチルオキシドを用いると，Saytzev 則からの予想に反してメチレンシクロヘキサンがおもに得られる．これは，立体的にかさ高い $t$-ブチルオキシドが，シクロヘキサン環上のプロトン(H$_b$)よりも立体的に空いている末端メチル基のプロトン(H$_a$)を引く抜く反応が優先したからである．このように，立体的にかさ高い塩基を用いる場合，Saytzev 則からの予測に反して，末端アルケンが優先的に生成するという経験則を，Hofmann(ホフマン)則という．

## 7.1.3 一分子脱離(E1)反応

A. E1 反応の基本的特徴

これまで説明してきた E2 反応とは異なり，E1 反応では脱離基(X)がまず脱離し，カルボカチオンを生成し，ついで $\beta$ 位のプロトンが引き抜かれることでアルケンを生成する(図 7.6)．

図を見ながら E1 反応の重要な特徴を確認しておこう．

① E1 反応には安定なカルボカチオン中間体の生成が必要である

E1 反応では脱離基 X の脱離によるカルボカチオンの生成が反応の引きがねであるため，生じるカルボカチオンが安定な化合物ほど E1 反応が進行しやすい．代表的なものとしては，図 7.6 の C, D の置換基のどちらかがアルキル基で片方が水素原子である第二級カルボカチオンや，C, D の両方がアルキル基である第三級カルボカチオンを生じうる化合物が，E1 反応で反応する．このほかにも，C, D の位置に芳香環やビニル基，酸素原子などの電子供与基が存在するとカルボカチオンが安定化され，E1 反応が進行しやすくなる．また，カルボカチオンのできやすさは，反応に用いる溶媒によっても影響される．極性の高い溶媒を用いるとカルボカチオンが溶媒和によ

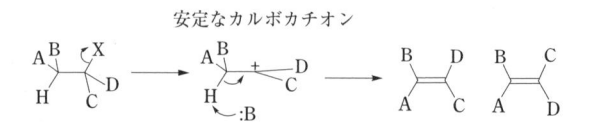

**図 7.6** E1 反応の反応機構.

り安定化されるので，E1反応が促進される．その一方，非極性溶媒を用いると溶媒和によるカチオン安定化効果がないので，E1反応は起きにくくなる．

② E1反応はそれほど強い塩基を必要としない

E1反応においては，塩基によるプロトン引き抜きで切断されるC-H結合の結合電子が，隣接するカルボカチオンの正電荷に引き寄せられており，結合が切れやすくなっているため，E2反応の場合よりも容易にプロトン引き抜きが進行する．したがって，それほど強い塩基が存在しなくてもE1反応は進行する．逆に強い塩基が存在していたり，高濃度の塩基を用いる場合には，E1反応と比較してE2反応による脱離が進みやすくなる．

③ E1反応は立体特異的ではない

反応がアンチ脱離で進行するE2反応と異なり，E1反応においてはカルボカチオンが生成する過程およびプロトン引き抜きが起きる過程，どちらに関しても立体的な制約はないので，出発物質の立体化学と生成物のアルケンの立体化学の間の特異性が低い．

B. E1反応の具体例

それでは，いくつかの具体例をあげながらE1反応の特徴を説明しよう．図7.7(a)に示すのは，$t$-ブチルアルコールからイソブテンへの酸触媒によるE1反応である．まず，$t$-ブチルアルコールの酸素原子がプロトン化され，オキソニウムイオンとなる．このオキソニウムイオンは安定な分子である水となって脱離するため，よい脱離基である（図7.4参照）．またオキソニウムイオンが脱離することで生じる第三級カルボカチオンが安定であるため，オキソニウムイオンはさらに脱離しやすくなっている．こうして生じたカルボカチオン中間体からプロトンが引き抜かれ，アルケン（イソブテン）へと変換される．前項の②で述べたように，このプロトン引き抜き反応は塩基性の非常に弱い$HSO_4^-$（$pK_{BH} = -9$）により行われていることに注意してほしい．

図7.7(b)に示す例は，2-メチル-2-ペンタノールの酸触媒下でのE1反応である．この場合は酸の作用によりカルボカチオンが生じた後，2つの経路（経路iと経路ii）により異なるアルケンが生じうる．この場合もSaytzev則に従い，安定な三置換アルケンを生成する経路iが優先し，三置換アルケンが主生成物である．

最後に図7.7(c)に示すのは，反応条件の違いにより，脱離反応の反応機構がE2反応からE1反応に変わる例である．塩化メンチルを高濃度（1 M）のナトリウムエトキシド存在下，エタノール中で脱離反応を行うとE2反応が進行し，主生成物として二置換アルケンを与える（反応機構は図7.3を参照）．一方，より低濃度（0.01 M）のナトリウムエトキシドを用い，さらに溶媒をエタノールと水の混合溶媒に代えると，脱離反応がE1反応で進行し，主生成物の三置換アルケンと副生成物の二置換アルケンの

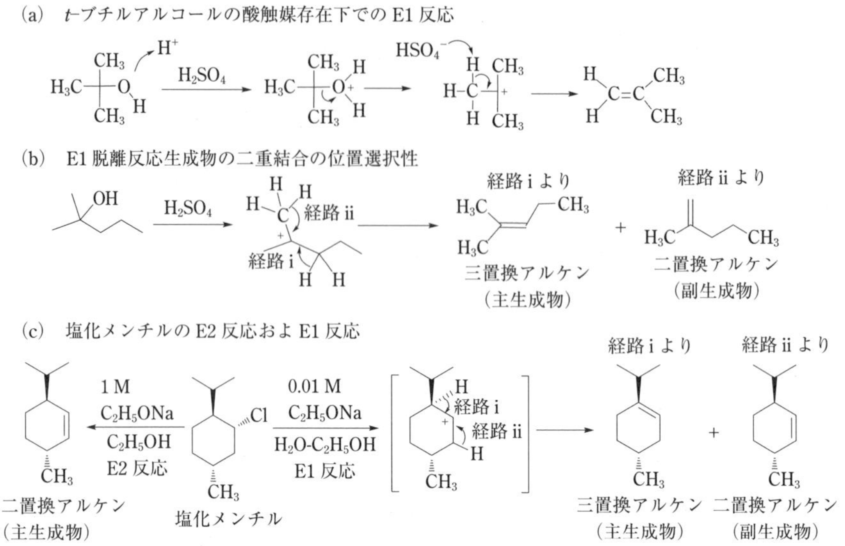

7　脱　離　反　応

(a) *t*-ブチルアルコールの酸触媒存在下での E1 反応

(b) E1 脱離反応生成物の二重結合の位置選択性

(c) 塩化メンチルの E2 反応および E1 反応

図 7.7　いろいろな E1 反応.

両方を与える．

ここで，反応機構が E2 から E1 に変わった理由は，以下のように説明できる．まずナトリウムエトキシドの濃度を薄くしたことで，反応の進行に強い塩基の作用が必要な E2 反応の速度が遅くなり，相対的に E1 反応が有利になる（前項の②参照）．また，溶媒をエタノールからより極性の高い水とエタノールの混合溶媒に代えたことも，カルボカチオン中間体の溶媒和による安定化を通じて E1 反応を有利にしている（前項の①参照）．

次に，主生成物が E2 反応の場合の二置換アルケンから E1 反応の場合には三置換アルケンに変わったことについては，次のように説明できる．すでに図 7.2 で説明したように，塩化メンチルの E2 反応は，不安定配座を経由してアンチ脱離により二置換アルケンを与える経路しか考えられない．一方，E1 反応で反応が進行した場合は，カルボカチオンからのプロトンの引き抜きは E2 反応の場合と異なり，立体化学的な制約をなんら受けないので，図 7.7(c) の経路 i，経路 ii の両方の経路が可能である．この場合は Saytzev 則に従い，三置換アルケンを与える経路 i の経路が優先となる．

## 7.1.4　E1cB 反応の特徴と具体例

E1cB 反応においては，脱離基 X の脱離に先だちプロトン引き抜きによりカルバニオンが生成し，ついで二重結合の形成と X の脱離が進行する．このタイプの反応は，

カルバニオンがカルボニル基や二重結合などで安定化されうる場合に，とくに進行しやすい．図 7.8 に E1cB 反応のいくつかの例を示す．

E1cB 反応として代表的なものは，$\beta$-ヒドロキシケトンとアルカリとの反応である（図 7.8(a)）．この反応では，まずカルボニル基の $\alpha$ 位のプロトン（$pK_a = 19 \sim 20$）がアルカリにより引き抜かれ，エノラート中間体が生成する．続いて，このエノラートがカルボニル化合物に戻る際に，$\beta$ 位の水酸基が脱離基として脱離して，$\alpha, \beta$ 不飽和ケトンが生成する．E1cB 反応では，E2 反応や E1 反応では脱離基とはならない水酸基も脱離基となりうることに注意しよう．

E1cB 反応による $\beta$-ヒドロキシカルボニル化合物の脱水は，いろいろな反応の一部に含まれている．たとえば図 7.8(b) のアルドール縮合反応において，2 分子のアセトアルデヒドから生成するアルドール付加体から脱水反応により $\alpha, \beta$ 不飽和カルボニルが生成する過程は，E1cB 反応である．また生体内においても，図 7.8(c) に示す脂肪酸生合成反応において，アシルキャリヤータンパク（ACP）に結合したマロニル基がアセチル化されて，ブチリル ACP に変換される過程に，E1cB 反応によるクロトニル ACP の生成が含まれている．さらに，解糖系の最終段階で起きている 3-ホスホグリセリン酸からホスホエノールピルビン酸への生合成反応も，酵素（エノラーゼ）による E1cB 反応とみなすことができる．

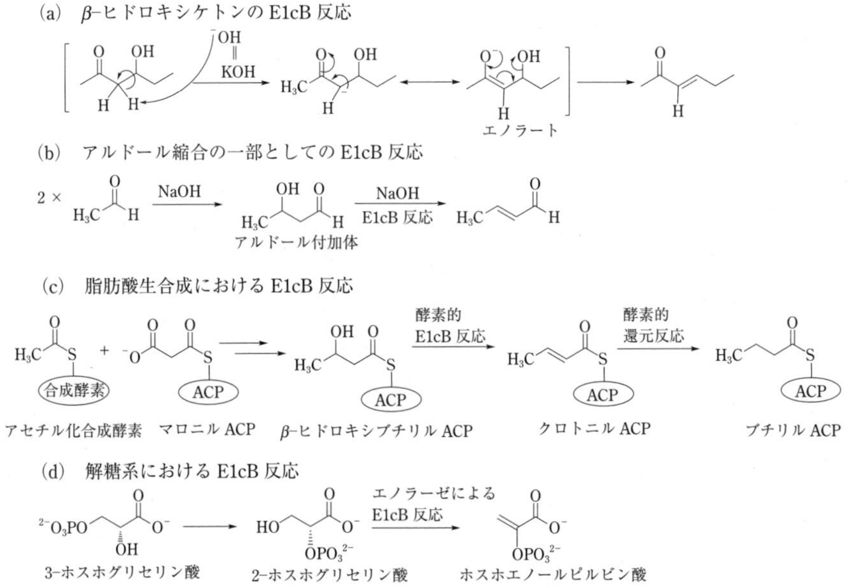

(a) $\beta$-ヒドロキシケトンの E1cB 反応

(b) アルドール縮合の一部としての E1cB 反応

(c) 脂肪酸生合成における E1cB 反応

(d) 解糖系における E1cB 反応

**図 7.8** いろいろな E1cB 反応．

## 7.2 脱離反応を利用して除去する保護基と生体分子の化学合成への応用

### 7.2.1 生体分子の化学合成に用いられる保護基の例

ペプチド，オリゴヌクレオチド，オリゴ糖などの生体分子を化学合成で大量に供給する技術は，生命科学の進展にきわめて重要である．これらの生体分子は，それぞれアミノ酸，ヌクレオチド，単糖といったモノマーを化学的に連結して合成することができる．しかし，これらのモノマーには複数の官能基が含まれているため，単にモノマーどうしを混合して連結反応を行うと，生成物はさまざまな部位でランダムに反応した複雑な混合物となってしまう．そこで，このような問題を防ぐために，生体分子の化学合成では，反応に必要な官能基のみを遊離の状態にし，その他の官能基を，化学的に安定でかつ特定の条件では容易に除去可能な基，すなわち「保護基」で保護して反応を行うのが一般的である．

図 7.9(a) には，アミノ酸（ロイシン）の化学構造とペプチド化学合成に用いられる保護アミノ酸（$t$-Boc ロイシン，Fmoc ロイシン）の構造を，例として示す．ペプチド合成においては，アミノ酸のアミノ基の保護基として $t$-ブチルオキシカルボニル（$t$-Boc）基や 9-フルオレニルメチルオキシカルボニル（Fmoc）基が用いられる．

これらの保護アミノ酸を用いるペプチド合成法を図 7.9(b) に示す．まず，$t$-Boc もしくは Fmoc 保護アミノ酸の遊離のカルボキシル基に対して，アミノ酸のアミノ基を縮合剤とともに反応させ，ペプチド結合を形成する．ついで保護基を脱保護すると，新たなアミノ基が現れる．ここに次の保護アミノ酸を縮合し，順次，脱保護－縮合の

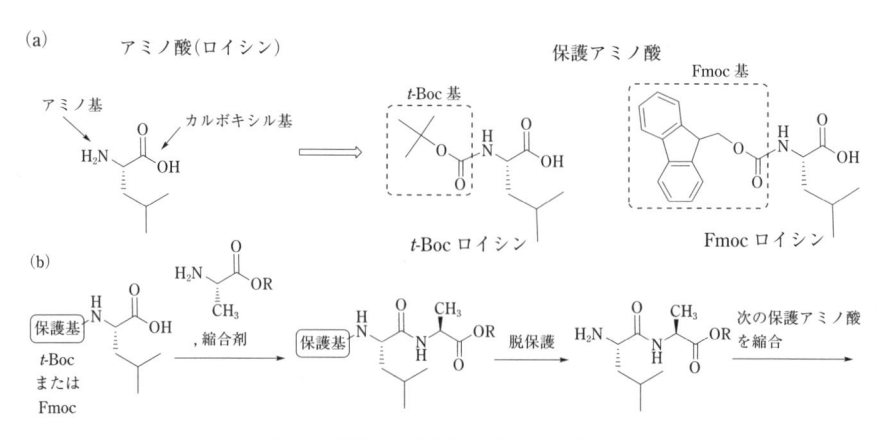

図 7.9 保護アミノ酸とペプチド化学合成．

工程を繰り返すことで,ポリペプチドを合成することができる.さて,ここで用いる t-Boc 基,Fmoc 基は,それぞれ t-ブチルオキシ基,9-フルオレニルメトキシ基がカルボニル基に結合した構造をもっている.各脱保護の反応機構を調べることで,なぜこれらの基が保護基としてすぐれているかを考えてみよう.

まず,t-Boc 基の脱保護機構を図 7.10(a)に示す.t-Boc 基は,通常トリフルオロ酢酸(TFA)などの強酸を用いて脱保護することができる.まず,t-Boc 基のカルボニル酸素がプロトン化される.ついで t-ブチルカチオンが遊離し,カルバミン酸が生成する.ここで t-ブチル基が容易に遊離する理由は,7.1.3 項で説明したのと同じように,第三級カルボカチオンである t-ブチルカチオンが安定だからである.生じた t-ブチルカチオンは,すでに図 7.7(a)に示したように,イソブテンになる.最後に,カルバミン酸が二酸化炭素の放出を伴いながら分解し,アミンを与える.

次に Fmoc 基の脱保護である.Fmoc 基は,通常ピペリジンなどのアミンを塩基として用いて脱保護することができる.まず塩基がフルオレニル基の 9 位のプロトンを攻撃し,アニオンが生成する.塩基がこの位置のプロトンを引き抜く理由は,生じる負電荷が 2 つのベンゼン環に非局在化するため生じるアニオンが安定化されるからである.さらに,フルオレニルアニオンの π 電子の個数を数えると 14 個であるので,Hückel(ヒュッケル)則($\pi$ 電子の個数が $4n+2$ の環状ポリエンは芳香族性をもつ)の $n=3$ の場合に相当し芳香性をもつことも,フルオレニルアニオンの安定性に寄与している.ついで,アニオン上の孤立電子対が矢印のように移動してカルバメートが脱離基となる E1cB 反応が進行し,最後に二酸化炭素の放出を伴う分解によりアミンを与

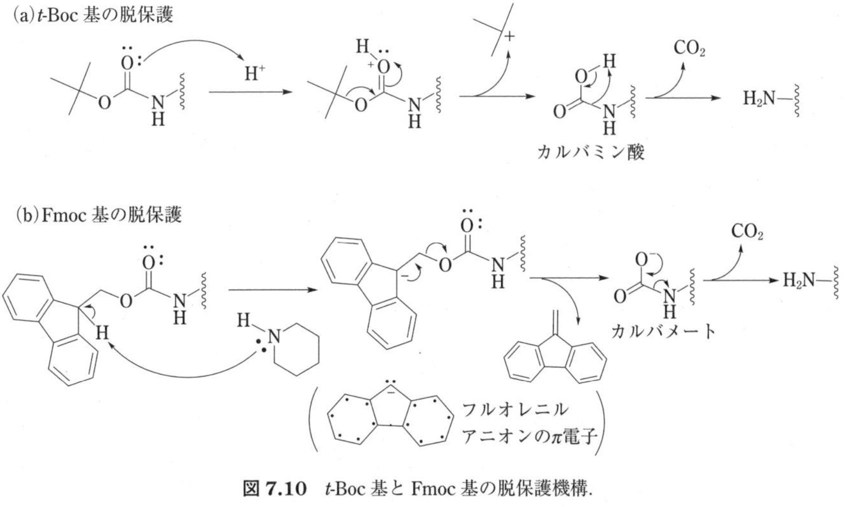

(a) t-Boc 基の脱保護

(b) Fmoc 基の脱保護

**図 7.10** t-Boc 基と Fmoc 基の脱保護機構.

える．

このように t-Boc 基や Fmoc 基は，E1 反応や E1cB 反応など脱離反応の基本的な反応機構と，カルバミン酸やカルバメートの脱炭酸反応を組み合わせて，アミノ基の保護と脱保護を行う保護基と考えることができる．このように脱離可能なアルキル基とカルボニル基を組み合わせたアルコキシカルボニル型[R−OC(=O)−]の保護基は，アルキル基(R)の部分の構造を工夫することで，さまざまな穏和な条件下で選択的に脱保護できる種類の保護基を開発できるという長所がある．次節では，有機合成に用いられるアルコキシカルボニル型保護基のいくつかについて，その構造と脱保護反応をみてみよう．

## 7.2.2　いろいろなアルコキシカルボニル型保護基

### A．ベンジルオキシカルボニル(Cbz)基

Cbz 基(図 7.11(a))は，ベンジルオキシ基とカルボニル基が結合した保護基である．一般的にベンジル基は，パラジウム触媒などを用いる水素添加反応に対して高い反応を示す．したがって，Cbz 基は水素添加によりトルエンとカルバミン酸へと分解し，最後に二酸化炭素の放出を伴ってアミンへと変換される．この Cbz 基は酸や塩基に比較的安定で，しかも水素添加反応により選択的に除去できるため，有機合成においてアミンや水酸基の保護基として広く用いられている．

### B．2,2,2-トリクロロエトキシカルボニル基(Troc)基

Troc 基(図 7.11(b))は亜鉛で脱保護することができる．Troc 基に亜鉛を作用させ

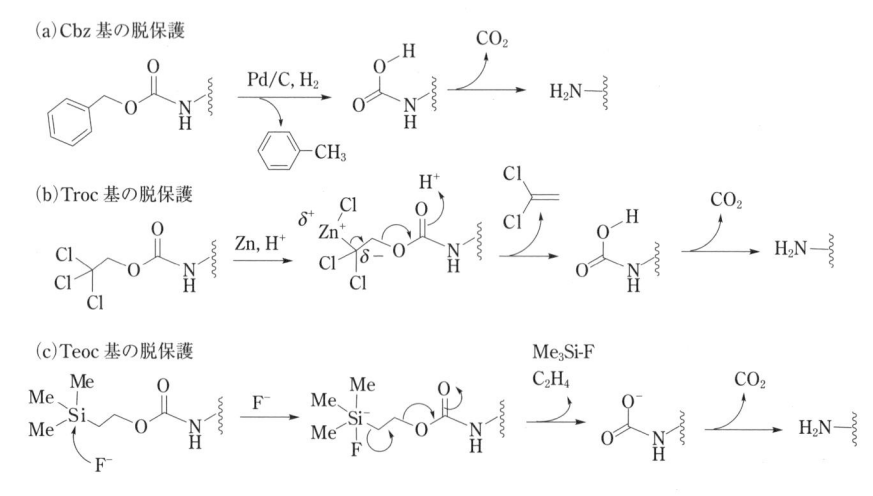

図 7.11　Cbz 基，Troc 基，Teoc 基の脱保護．

7.2 脱離反応を利用して除去する保護基と生体分子の化学合成への応用

ると，炭素原子と塩素の間に亜鉛が挿入され，カルバニオンに似た性質の有機亜鉛化合物となる．ここからE1cB反応に類似した反応機構で，ジクロロエテンとカルバミン酸が生成し，脱炭酸を経て脱保護が完了する．

C. 2-トリメチルシリルエトキシカルボニル(Teoc)基

Teoc基(図7.11(c))は，フッ化テトラブチルアンモニウムなどのフッ化物イオン($F^-$)等価体で脱保護することができる．フッ素-ケイ素結合の結合エネルギー(約 580 kJ mol$^{-1}$)は，炭素-ケイ素結合の結合エネルギー(約 290 kJ mol$^{-1}$)やフッ素-水素結合の結合エネルギー(約 320 kJ mol$^{-1}$)よりも大きいため，この反応ではフッ化物イオンはTeoc基のケイ素原子を最初に攻撃する．この反応によりいったん5配位のケイ素アニオン中間体が生成したのち，E1cB反応に類似した反応機構でエテンが脱離し，カルバミン酸塩を経てアミンへと脱保護される．

D. アリルオキシカルボニル(Aloc)基

Aloc基(図7.12(a))は，0価のパラジウム触媒で除去可能な保護基である．最初にパラジウムとAloc基の間でπ錯体が形成される．このπ錯体がカチオン性πアリル錯体に変化するのに伴い，カルバミン酸塩が脱離し脱炭酸により脱保護が完了する．生成したカチオン性πアリル錯体は共存する求核剤Nuと反応し，0価のパラジウム触媒が再生する．

E. 2-(4-ニトロフェニル)エトキシカルボニル(Npeoc)基と2-シアノエトキシカルボニル(Ceoc)基

これらの保護基はFmoc基と同じく，塩基を作用させることによりE1cB機構により脱保護される保護基である(図7.12(b))．Npeoc基とCeoc基の共通点は，カルボニル基に結合したエトキシ基の末端に電子吸引性置換基(Y)が結合していることでで

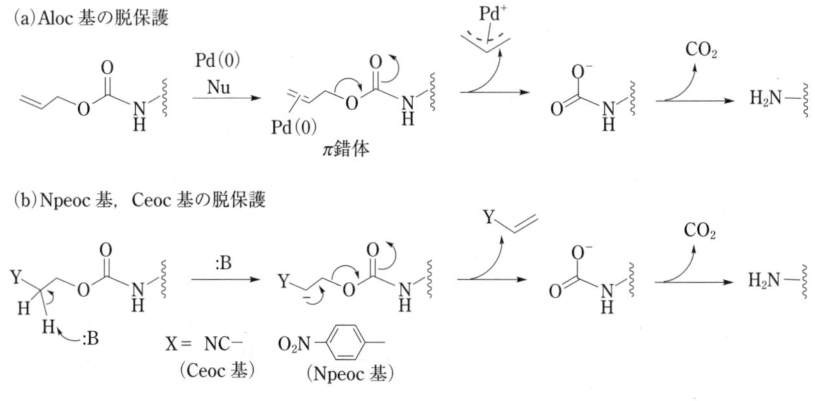

図7.12 Aloc基，Npeoc基，Ceoc基の脱保護．

あり，Npeoc 基は 4-ニトロフェニル基を，Ceoc 基はシアノ基をそれぞれ有している．まず，これらの保護基に塩基が作用すると，電子吸引基が結合した炭素原子上にアニオンが生じる．このアニオンは，電子吸引性置換基が存在することより安定化されているので，この位置にアニオンが生じやすい．引き続き E1cB 機構によりカルバミン酸塩が脱離して脱保護反応が進行する．

## F. 2-(2-ニトロフェニル)エトキシカルボニル基と 2-ニトロベンジルオキシカルボニル基

これらの保護基(図 7.13)は，ニトロベンゼンを構造の一部としてもつ点で前項の Npeoc 基と似ているが，2 位にニトロ基が存在する影響で，塩基だけではなく特定の波長の光を照射することで脱保護できる点が，特徴である．一般的な保護基が，酸・塩基やさまざまな化学物質を脱保護試薬に用いるのに対して，光を用いる脱保護は，反応後に過剰の脱保護試薬などを除く手間が必要ないため，有機合成の各種の場面で有用性が高い．これらの保護基の光除去の機構を図 7.13 に示す．

2-(2-ニトロフェニル)エトキシカルボニル(図 7.13(a))の場合，まず光照射によりニトロベンゼンが励起され，ニトロ基の部分に不対電子が生じる．ついで，酸素原子上の不対電子がベンジル位の水素を引き抜くとともに，ベンゼン環を通した電子移動

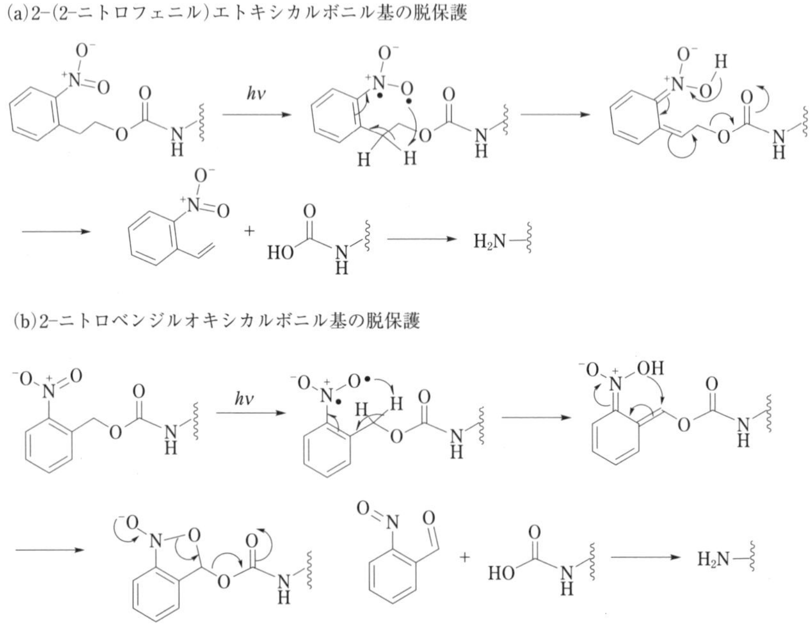

**図 7.13** ニトロフェニルエトキシカルボニル型保護基の光除去．

により窒素原子上の不対電子が再結合する．最後に，ヒドロキシニトロリル基［＝N(O)OH］がニトロ基に戻るのに伴い，カルバミン酸が脱離し保護基が切断される．

図7.13(b)に示す2-ニトロベンジルオキシカルボニル基の場合も，同様に光照射によりニトロ基の部分に不対電子が生じる．ついで，酸素原子上の不対電子がベンジル位の水素を引き抜くとともに，ベンゼン環を通した電子移動により窒素原子上の不対電子が再結合する．このあとヒドロキシニトロリル基のヒドロキシ基がベンジル位の炭素に共役付加してビシクロ体が生成し，最後にニトロソ基が形成されると同時に，カルバミン酸が脱離し保護基が遊離する．

この反応機構では，これまで用いた両矢印（→）だけでなく，片矢印（⇀）も用いられていることに注意してほしい．求核置換反応，脱離反応，求核付加反応，求電子置換反応などの有機反応は，孤立電子対や共有電子対など2つの電子が対になって移動し，結合の生成や切断が進行する反応である．このような反応では，電子2個が対になって動くことを示すために両矢印で表わす．一方，図7.13の反応には，光照射によって生じる不対電子（ラジカル）が単独で移動して，結合の生成や切断が進行する．このように電子1つが移動する反応機構を描く場合には，片矢印を用いる．1つのラジカル反応の反応機構には3つの正しい描き方がある（図7.14）．自分で反応機構を描く場合にはどれを用いてもよいが，これらの矢印がいずれも同じ反応を意味していることを確認しておいてほしい．

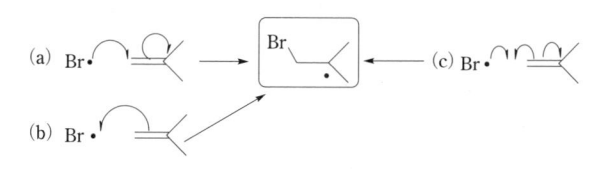

**図7.14** ラジカル反応の各種の描き方．

ここでは，前半部分でE1反応，E2反応，E1cB反応といった脱離反応の基本反応について解説した．構造上どのような特徴をもつ化合物がそれぞれの反応を起こしやすいか，復習しておこう．また，E1反応やE2反応で複数のアルケンが生成物として考えられるとき，どのような生成物ができやすいか，アンチ脱離，Saytzev則，Hofmann則などのキーワードとともに整理しておいてほしい．

本章の後半では，*t*-Boc基，Fmoc基などの保護基を紹介し，その脱保護機構について解説した．これらの保護基の脱保護反応と脱離反応の関係を比較して，共通する部分を確認しておこう．さまざまな反応機構により脱保護されるアルコキシカルボニ

ル型保護基も紹介した．これらの脱保護機構は，最終的にカルバミン酸が脱離することで反応が完結することが共通である．そこに至るまでの途中の反応の基本的な脱離反応と全く同じというわけではないが，基本反応で学んだ反応機構をもとに，複雑な反応についても，合理的な反応機構を正しく描けるように何度も練習しておこう．

# 8 フッ素科学
## ——人工生理活性物質への展開

　フッ素と聞くと,一般的には歯磨き粉に含まれたり,テフロンなどフライパンのコーティングに用いられていることがよく知られているが,その用途は生活の中に密接に入り込んでいる.たとえば,フッ素系物質はその特異的な性質を生かして,代替フロンなどの冷媒や樹脂,ゴム,塗料,光ファイバー,液晶,半導体,医農薬,コーティング剤として,先端技術や精密機械などの分野では欠くことができない物質となっており,大量のフッ素系物質が人工的に作り出されている.

　これまで,分子内にフッ素原子を導入することによって発現される特異的な性質の多くが,C-F 結合の結合解離エネルギーの大きさや,水素 (1.20 Å) とフッ素 (1.35 Å) の van der Waals (ファン・デル・ワールス) 半径の違いなどに起因していると説明されてきた.また,分子全体の極性や導入位置近傍の官能基の極性の変化は,フッ素原子の大きな電気陰性度に起因していると説明されている.さらに,C-F 結合の大きな結合解離エネルギーにより C-F 結合が解離しにくくなり,C-Cl 結合のように容易に置換反応も起こさず,還元もされにくい安定構造を作り,耐熱性,耐酸性,耐薬品性,圧電性,ガス選択透過性などの性質を,フッ素系物質に付与している.定性的に述べられてきたこれらの要因も,コンピューターグラフィックを利用することにより映像化し,視覚的に捕らえることもできるようになってきた.これまでフッ素系物質の研究が遅れていたのは,常に炭化水素系物質で発展してきた化学を模倣し,フッ素系物質特有の反応性や金属元素との特異的な配位現象などについての考察と洞察に欠けていたためと考えられる.最初に,炭化水素系物質とフッ素系物質の反応性の相異点について大まかに比較したものを,図 8.1 にあげる.この図の最初に,フッ素系物質の炭素−炭素二重結合に対する反応が,求核試剤により引き起こされるという化学的に異常な事柄が述べられている.しかしながら,フッ素化学に取り組んでいる者は,この反応形式(電子リッチな二重結合に電子リッチな求核試剤が攻撃するという形式)に対してなんらの疑問点ももつことなく,フッ素化学では当然なこととして受け止めて

いるのではないだろうか．また，フルオロアルキル系物質でのグリニャール試薬の合成の困難さは，その試薬の安定性と脱離のしやすい MgIF に起因していると考えると，現象としては理解しやすい．しかしなぜ，炭化水素系物質で発展してきた有機化学的方法が，フッ素系物質では簡単に利用できないのだろうか．フッ素化学というよりもむしろフッ素科学という観点からこの疑問点について説明を始めたい．

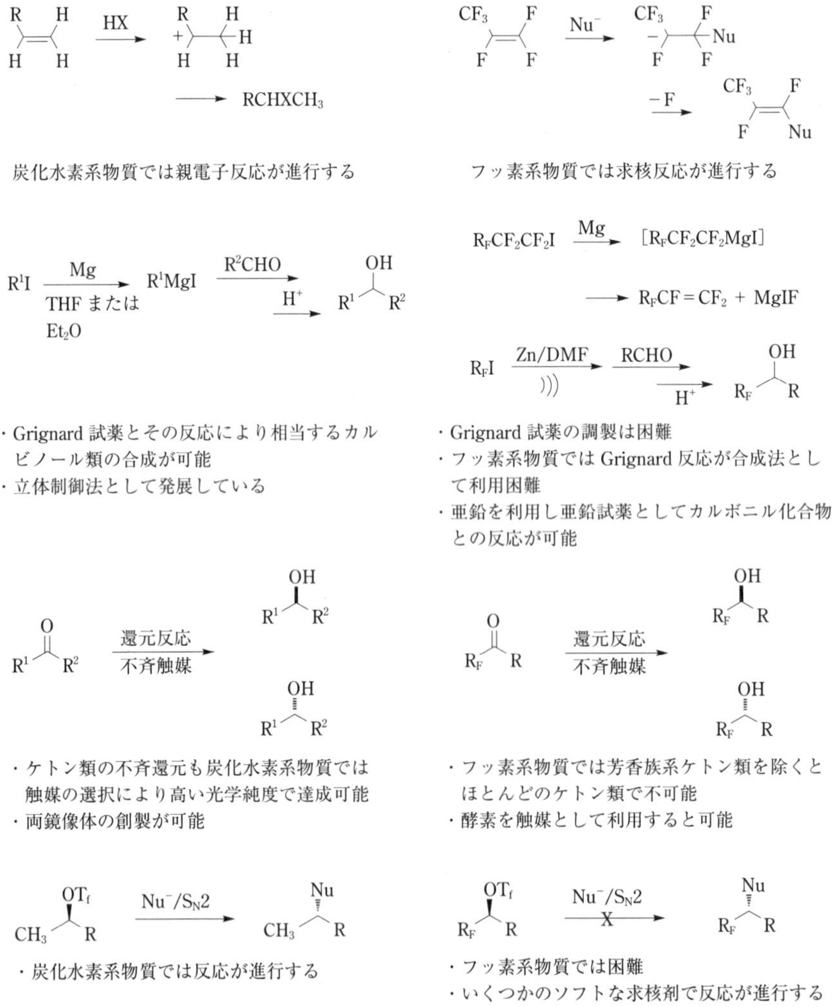
HX
RCHXCH3
炭化水素系物質では親電子反応が進行する
Nu⁻
−F
フッ素系物質では求核反応が進行する
R¹I
Mg
THF または Et2O
R¹MgI
R²CHO
H⁺
RFCF2CF2I
[RFCF2CF2MgI]
RFCF=CF2 + MgIF
RFI
Zn/DMF
RCHO
・Grignard 試薬とその反応により相当するカルビノール類の合成が可能
・立体制御法として発展している
・Grignard 試薬の調製は困難
・フッ素系物質では Grignard 反応が合成法として利用困難
・亜鉛を利用し亜鉛試薬としてカルボニル化合物との反応が可能
還元反応
不斉触媒
・ケトン類の不斉還元も炭化水素系物質では触媒の選択により高い光学純度で達成可能
・両鏡像体の創製が可能
・フッ素系物質では芳香族系ケトン類を除くとほとんどのケトン類で不可能
・酵素を触媒として利用すると可能
Nu⁻/SN2
・炭化水素系物質では反応が進行する
・フッ素系物質では困難
・いくつかのソフトな求核剤で反応が進行する

**図 8.1**　炭化水素系物質とフッ素系物質における反応性の相異点．

## 8.1 等電性とエノール型

フッ素は Pauling の van der Waals 半径(1.35 Å)が水素(1.20 Å)のそれと比較され，水素の擬似と考えられてきた．しかしながら，A. Bondi によればその van der Waals 半径は 1.47 Å と報告されており，フッ素原子は水酸基と等電的であると推考されている．さらに，2-プロパノールと 2-フルオロプロパンの半経験的分子軌道計算の結果に基づく静電ポテンシャル図は，Bondi の van der Waals 半径の考え方を取り入れることにより，フッ素原子で修飾された分子の挙動を考えるうえで重要な要素であることを示唆している．またエーテル酸素と $CF_2$ 基の等電性も，図 8.2 に示すような視覚的な映像から，理解が容易になってきている．

炭化水素系物質では，単離証明が困難である化学的現象が，フッ素系物質を利用することにより容易に行うことができる例がいくつか知られている．その 1 つにケト型とエノール型があり，図 8.2 に示すようにそれぞれの化合物が単離され，物性が報告されている．

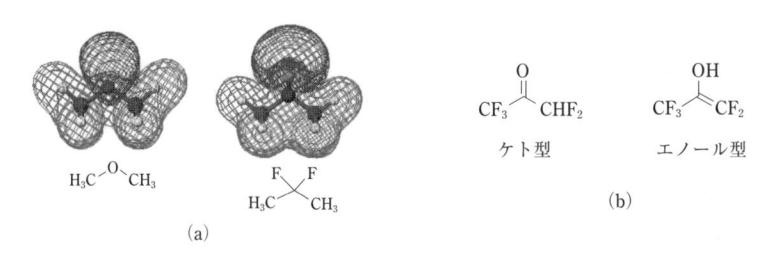

**図 8.2** 等電性とエタノール型．

## 8.2 極性効果

反応性という面から眺めてみると，$CH_3CHO$ と $CH_{3-n}F_nCHO$ というアルデヒド類のカルボニル基の求核試剤との反応は，フッ素化アルデヒドのほうがその反応性が高いことが知られている．両方のカルボニル基の極性を考えたとき，$CH_{3-n}F_n$ 基の大きな電子求引性のために，$CH_{3-n}F_nCHO$ のカルボニル炭素のほうが大きな正電荷となり，そのため求核試剤との反応性も高くなっていると推察される．その考え方で正しいのだろうか．図 8.3 に $CH_{3-n}F_nCHO$ の MOPAC(PM3)の計算結果を示す．この計算結果から，前述したカルボニル炭素の正電荷の大きさが推論されていた考えと異な

|  | −0.3154 | | −0.2960 |
|--|--|--|--|
| 1.210 Å | 0.2784 | 1.207 Å | 0.2450 |
| CH₃CHO | | CH₂FCHO | |
| 1.202 Å | −0.2537 0.2385 | 1.197 Å | −0.2208 0.2567 |
| CHF₂CHO | | CF₃CHO | |

HOMO, LUMO のエネルギー準位

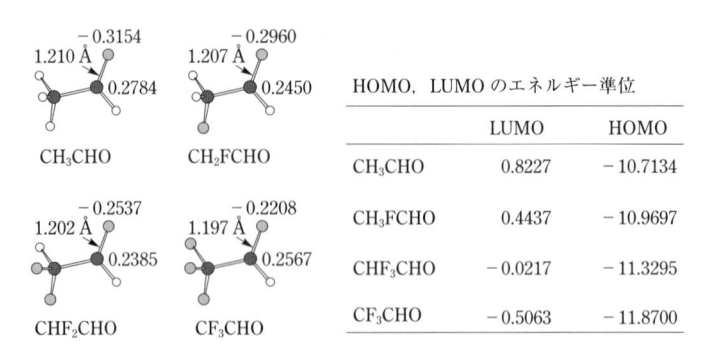

|  | LUMO | HOMO |
|---|---|---|
| $CH_3CHO$ | 0.8227 | −10.7134 |
| $CH_3FCHO$ | 0.4437 | −10.9697 |
| $CHF_3CHO$ | −0.0217 | −11.3295 |
| $CF_3CHO$ | −0.5063 | −11.8700 |

**図 8.3** 電荷分布と結合距離.

ることが明らかとなった．フッ素の数が増加するほど C=O 結合は分極しにくくなり，C=O 結合の距離が $CH_3$ > $CH_2F$, $CHF_2$ > $CF_3$ の順となっていることが，図 8.3 から明らかである．

では，フッ素置換体の大きな反応性は何に基因しているのだろうか．カルボニル基に対する求核試剤の攻撃には，分子軌道の相互作用を考慮する必要があり，図 8.4 に示すように，求核剤の分子軌道 n とカルボニル基の分子軌道 π と π* 間の相互作用が重要と考えられる．とくに，LUMO エネルギー準位と LUMO の軌道係数を考慮することがこの反応系では重要であり，図 8.3 中の表に示したような計算結果から，フッ素系物質の高い反応性は，その LUMO エネルギー準位の低さに起因していることが明らかとなる．また，炭素–炭素二重結合にフッ素原子が結合したときには，反応性や物性に大きな変化が見られることはよく知られている．とくに，炭化水素系オレフィンでは通常求電子剤と反応するが，フルオロオレフィン類はこれと異なり求核試剤と容易に反応する．このよく知られている反応性の相違は，2pπ–2pπ 結合とフッ素原子の孤立電子対との相互反発に起因すると，これまでは説明されてきた．確かに PM3 を用いたフルオロオレフィン類の電荷分布とエネルギー準位の結果は，その推論のように，フッ素原子が結合した炭素上の正電荷の増加を示唆している．

たとえば，$CF_3CF=CF_2$ では，CF 炭素上の電荷は −0.11 であるが $CF_2$ 炭素上では

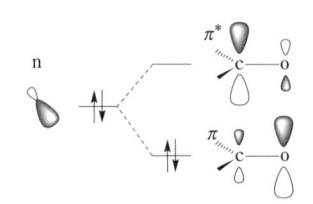

**図 8.4** $R_2C=O$ の π と π* と n との相互作用.

0.25 と正電荷を示すことが，計算から判明する．$(CF_3)_2C=CF_2$ でも $CF_2$ 炭素上では 0.38 という正電荷であり，電荷の分布だけを考えるならば，明らかに求核試剤は $CF_2$ 炭素を攻撃することが理解できる．しかしながら，軌道理論に基づいて考えると，求核試剤は炭素-炭素二重結合の電子が存在しない空の LUMO 軌道を攻撃するわけであるから，LUMO 軌道のエネルギー準位が低く，大きな LUMO の軌道係数が基質のフルオロオレフィンに出現していることが，反応性を論じる際の重要な要因となる．このことを考慮して再度図 8.5, 8.6 の計算結果を眺めると，エチレン，フッ化ビニル，フッ化ビニリデンなどのオレフィンでは，ヘキサフルオロプロピレンやオクタフルオロイソブチレンに比較して，LUMO 軌道のエネルギー準位が相対的に高く，求核試

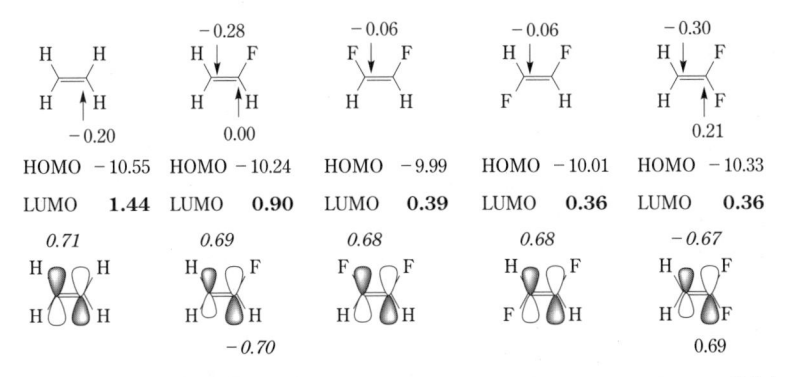

**図 8.5** オレフィンの分子軌道計算結果．通常文字：電子密度および HOMO のエネルギー準位(eV)，太文字：LUMO のエネルギー準位(eV)，イタリック体：$p_z$ 軌道係数．

**図 8.6** オレフィンの分子軌道計算結果．通常文字：電子密度および HOMO のエネルギー準位(eV)，太文字：LUMO のエネルギー準位(eV)，イタリック体：$p_z$ 軌道係数．

剤の攻撃を受けにくいことが判明する．加えて，これらのペルフルオロオレフィン類ではLUMOの軌道係数が両炭素上で不均衡に出現しており，実際求核試剤の攻撃を受ける炭素上でより大きなLUMOの軌道係数が出現していることがわかり，ペルフルオロオレフィン類が求核試剤と反応するという炭化水素系化学から眺めた場合の異常な反応性は，軌道理論に基づく説明により科学的にはなんら異常ではないことが明らかにされている．

炭化水素系オレフィン類では，大きなHOMOの軌道係数の出現が求電子反応を促進していることを考えると，いずれのオレフィン類においても軌道の理論により反応性が矛盾なく説明できる．フルオロオレフィン類の求核試剤に対する反応性を説明するためには，LUMO軌道のエネルギー準位，炭素上の電荷，そしてLUMOの軌道係数の大きさなどを考慮して判断すべきである．

## 8.3 水素結合能力

Jamanらは，2-フルオロフェノールのマイクロ波スペクトルによる解析を行った結果，室温では水素結合をしている s-cis 型のコンホーマーのみしか観測されないことを明らかにしている．このときのOH⋯F間の距離は2.235 Åと求められており，水素とフッ素のvan der Waals半径の和である2.67 Åよりも10%以上短くなっている．この事実は，このコンホーマーにおける分子内水素結合を強く示唆している．こうした傾向は，テトラフルオロヒドロキノンではより顕著であり，H⋯F間の距離は2.02 Åとさらに短くなっている．一方，Georgeらが2-フルオロフェノールの ab initio 計算を行った結果，s-cis 型コンホーマーは対応する s-trans 体よりも4 kcal mol$^{-1}$程度安定であり，求めるH⋯F分子内水素結合距離は2.32 Åであることが予測され，実測値と比較的よい一致を示している．

また，分子間水素結合に関しては，計算化学的にCH$_2$F$_2$の二量体形成能からの評価が行われており，2つの水素結合で4 kcal mol$^{-1}$弱，すなわちH⋯F水素結合あたり約2 kcal mol$^{-1}$の安定化が起こると報告されている．重クロロホルム溶媒中に，パラ置換フェノール類とペルフルオロシクロヘキサンを溶解させると，NMRにおける水酸基の水素ならびにフッ素のピークのシフト差は，フェノール類の酸性度と直線的な関係があることが見いだされており，フェノール性水酸基とフッ素との分子間水素結合に基因するものであると結論されている．また，α-CDとフルオロフェノールや，コール酸とフルオロアニリンの複合体においても，分子間水素結合を示唆するデータが得られている．

## 8.4 リチウムとフッ素原子間のキレートに基づく立体制御

 以上概観してきたように，フッ素と水酸基の水素との分子内(または間)水素結合は実験的にも観測され，理論計算からも指示されることは明らかであるが，それほど強いものではなく，$2 \sim 3 \text{ kcal mol}^{-1}$ 程度であると考えてよさそうである．

 フッ素系物質特有の反応性や金属元素との特異的な配位現象により，遷移状態や反応中間体がどのような安定コンホメーションで存在しているのかについても，論じられている．

 3-トリフルオロメチルアクリル酸エチルは，ケトンやエステル，アミド由来のエノラート種と非常に円滑に反応して，高立体選択的にマイケル付加体を与えることが明らかにされている．さらにこの反応において，一挙にジアステレオならびにジアステレオ面選択的な炭素炭素結合生成を達成する目的で，光学活性な($S$)-アシルオキサゾリジノンから発生させたエノラートを用いる不斉 Michael(マイケル)付加反応が行われ，高い化学収率ならびに立体選択性で共役付加体が得られることも明らかにされている(表8.1)．

表 8.1 立体選択性(下記の反応)

| | R | 収率／% | 選択性／% de |
|---|---|---|---|
| 1 | H | 93 | 78(anti) |
| 2 | Me | 88 | >98(anti) |
| 3 | Et | 52(74) | >98(anti) |
| 4 | $i$-Pr | 97 | 97(anti) |

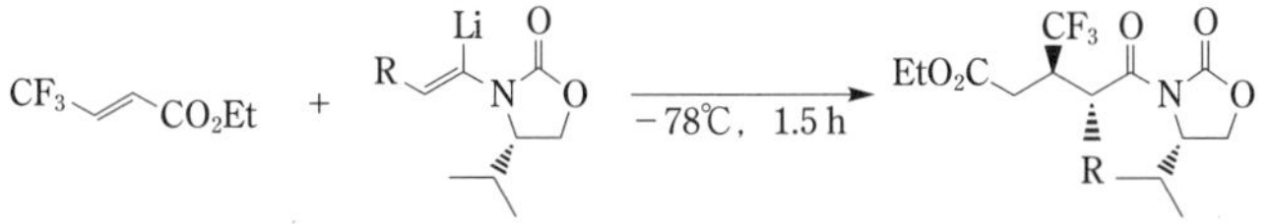

 とくにドナーがケトンのときには，炭化水素系の対応するアクセプターであるクロトン酸エステルは容易にレトロマイケル反応を起こすため，望む付加体は得られない．しかしながら，フッ素系クロトン酸エステルでは反応が進行することも判明している．そこで，この両者の極端な反応性の差が，図 8.7 に示すフッ素とリチウム間の相互作

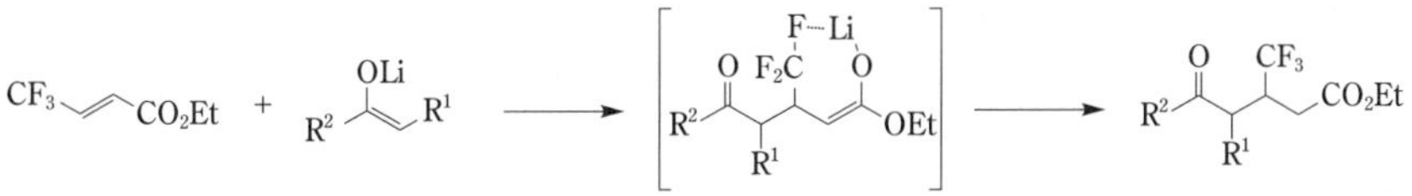

図 8.7 リチウムとフッ素原子間のキレート形成に基因する立体制御．

用による反応中間体の安定化に基づくものであると仮定し，モデル化合物の非経験的分子軌道計算(*ab initio*)を行った．その結果，予想したとおりに F⋯Li の相互作用は非常に強く，その安定化効果は 15 kcal mol$^{-1}$ にも達していることがわかった．この効果は，C–F 間の結合距離にも如実に現われており，リチウムと相互作用しているフッ素と炭素の結合距離は，遠いほうのそれよりも 0.04 Å も伸張していることも明らかになっている．

## 8.5　ラジカル機構を経る立体制御

Evans らによって明らかにされている，エノラートへの高選択的モノアルキル化反応におけるジアステレオ選択性を利用するフルオロアルキル化反応が，開発されている．

もちろん，炭化水素系物質のようにフルオロアルキル基を $R_F$ 基として導入することは不可能であるため，「ラジカル極性変換(radical umpolung)」の概念に基づき，フルオロアルキルラジカルが親電子的ラジカルであることを利用した反応形式が開発されている．ラジカル発生法としては，反応の立体選択性確保のために反応温度をできるだけ低温に保持するために，トリエチルボランによるラジカル発生法を用いて，収率 45 〜 75%，立体選択性 57 〜 86% de(ジアステレオマー過剰率)で目的物が得られている(図 8.8)．

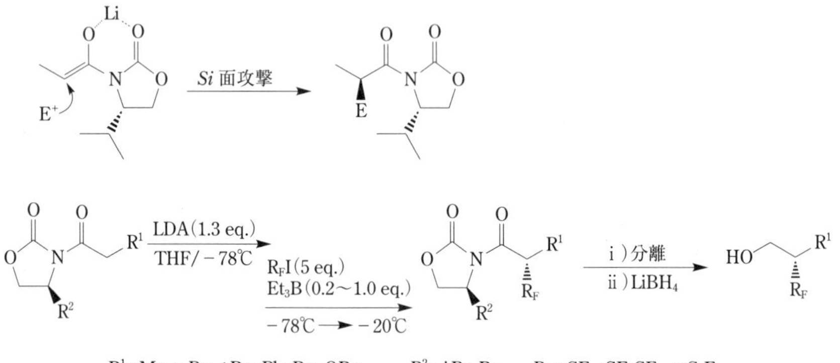

$R^1$ : Me, *n*-Bu, *t*-Bu, Ph, Bn, OBn　　　$R^2$ : *i*-Pr, Bn　　　$R_F$ : $CF_3$, $CF_3CF_2$, *n*-$C_6F_{13}$

図 8.8　ラジカル機構を経る立体制御．

## 8.6 転位反応を利用する立体制御法

まず，1,2-立体制御法として知られている Wittig（ウィッティッヒ）反応や Ireland-Claisen（アイルランド・クライゼン）転位反応について述べる．基質として $CF_3$ 基を不飽和結合上に有する化合物が合成され，この反応が詳細に検討されている（図 8.9）．フッ素系物質においても，Wittig[2,3]転位反応や Ireland-Claisen 転位反応は，立体制御法としてすぐれていることが明らかにされているが，炭化水素系で確立されてきた立体化学とは，少し異なることも知られている．出発原料は，酵素法による不斉エステル化反応で合成されており，光学純度は＞98％ ee の両鏡像体が用いられている．Wittig[2,3]転位反応を利用することにより anti に立体制御された生成物が高選択的に得られ，不斉点の転移も完全に限りなく近いものである．また，syn に立体制御された生成物は，Ireland-Claisen 転位反応により同じ出発物質から創製できるため，炭化水素系と比較して遜色ないことが明らかにされている．

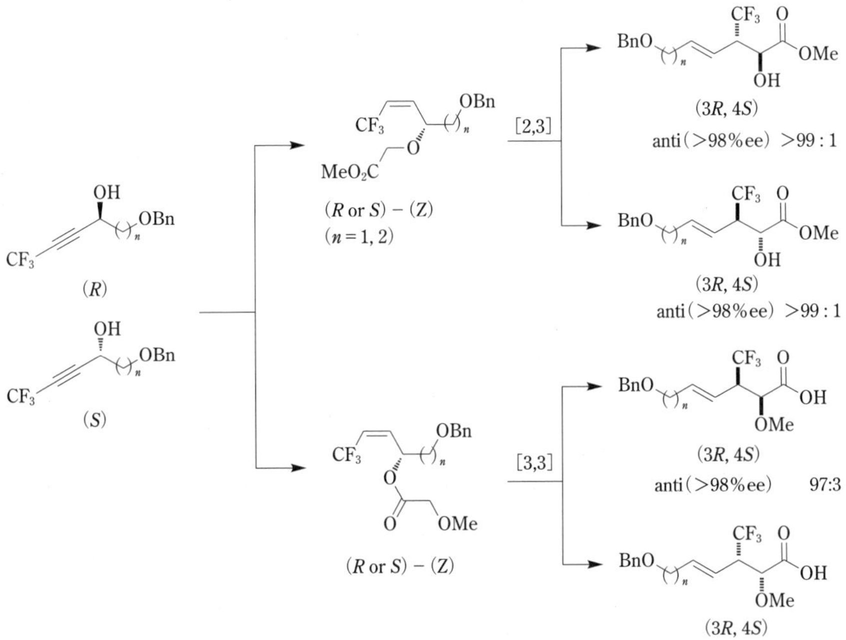

図 8.9 転位反応による立体制御．

## 8.7 フッ素系物質の一般的な合成法

フッ素系物質の合成方法としては,フッ素化剤を使用して行う方法が一般的であり,各種のフッ素化剤が開発され市販されている.フッ素化剤によるフッ素導入法として最も古くから用いられてきたのは,塩素化体の塩素原子をフッ素原子で交換する方法である(図8.10).

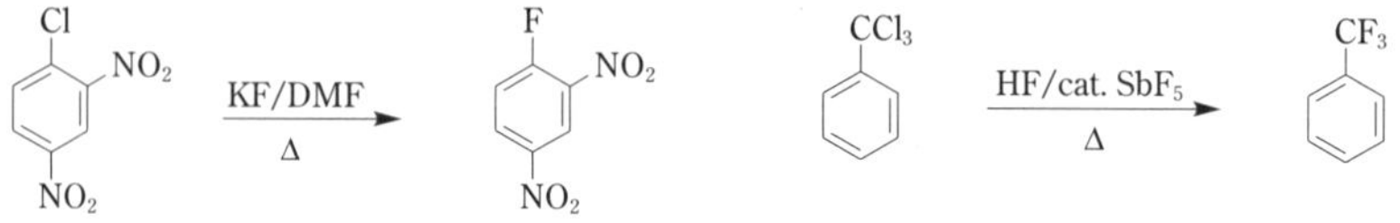

**図8.10** 塩素原子をフッ素原子に変換する方法.

立体制御を伴ったフッ素系物質の合成法についても,近年さまざまな方法が開発されており,Selectfluor試薬を利用するような$F^+$としてフッ素原子が導入可能な反応形式も開発されている(図8.11).立体制御を伴う方法も近年数多く開発されており,E,Z体の生成比もかなり高い反応形式が報告されている.

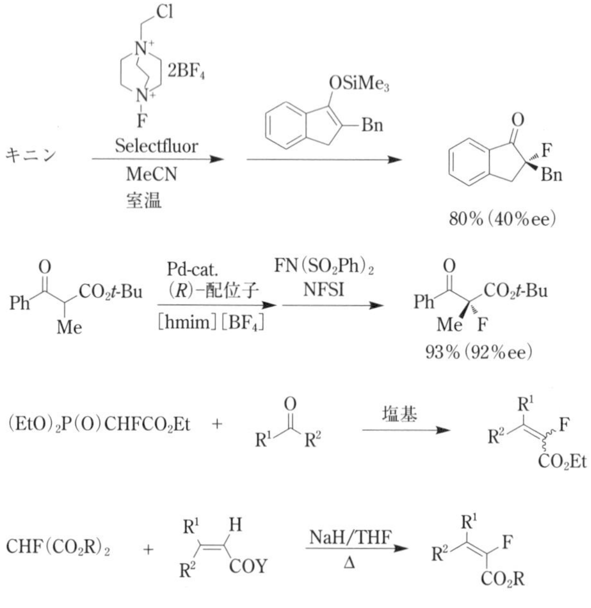

**図8.11** 立体制御を伴うフッ素系物質の合成法.

## 8.7 フッ素系物質の一般的な合成法

数多くのフッ素化剤が開発されているので,それらの試薬を利用すれば,簡単に目的とするフッ素系物質の合成が可能となっている.トリフルオロメチル化剤は市販されており,カルボニル基をトリフルオロメチル化したいときには便利な試薬である(図8.12).

新しい求電子的なトリフルオロメチル化剤も,開発され市販されている.酵素を利用する不斉還元反応や不斉加水分解反応などが,フッ素科学における不斉合成法として開発されたのは25年ほど前であり,酵素により不斉フッ素系物質の幕が開かれた.不斉還元反応においては,Prelog(プレローグ)則に従った立体制御を行うことができる(図8.13).

また,二重結合を酸化して光学活性なエポキシドを創製する菌体も見いだされている(図8.14).

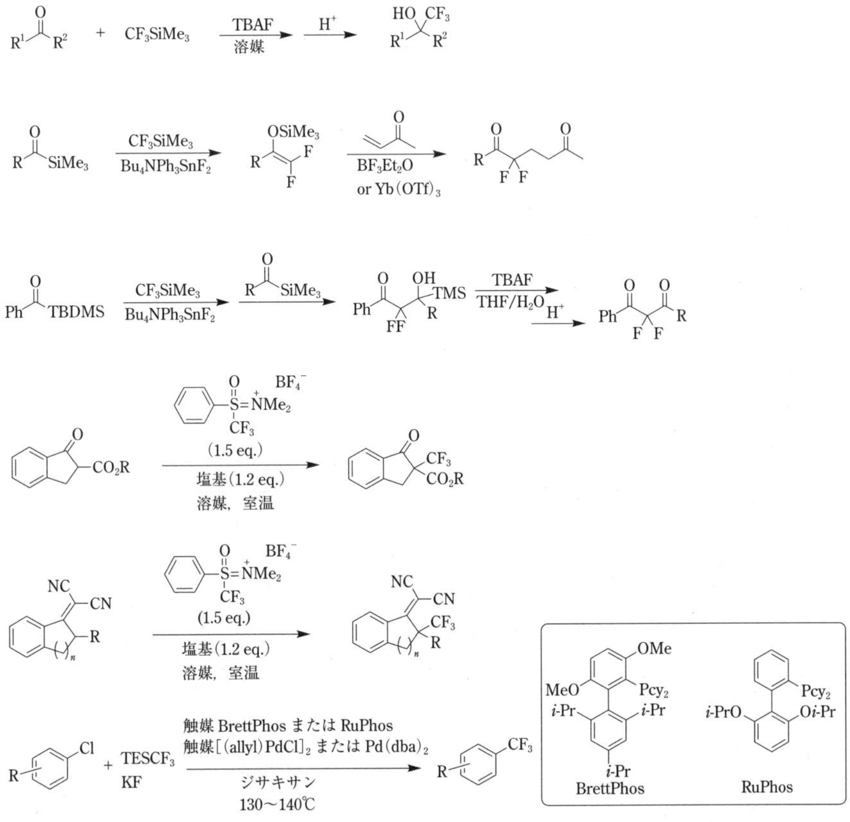

**図 8.12** トリフルオロメチル化剤の利用. cy:シクロヘキシル,dba:ジベンジリデンアセトン.

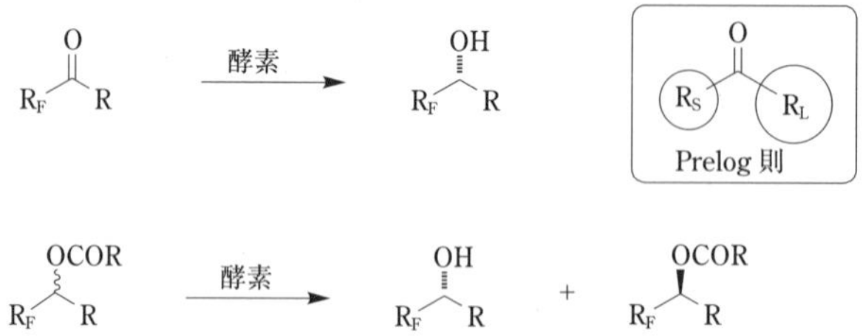

図 8.13　酵素を利用する光学活性なフッ素系物質の創製.

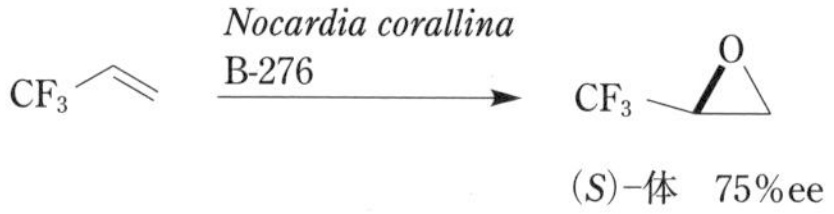

図 8.14　菌体を利用する光学活性なフッ素系物質の創製.

## 8.8　フッ素系物質の環境化学

### 8.8.1　C-F 結合分解菌の探索

　含フッ素有機化合物は，さまざまな特性を示し広く利用されている一方で，難分解性を示すために，環境中への残留や生体内への蓄積が問題となりはじめている．実際に，ペルフルオロオクタン酸（PFOA）やペルフルオロオクタンスルホン酸（PFOS）などの有機フッ素化合物が，野生生物や河川水などに蓄積していることが，ここ数年来明らかになってきている．PFOA はテフロンなどのフッ素樹脂製造の工程に必ず使われている化合物で，PFOS は撥水剤，表面処理剤，防汚剤，消化剤，コーティング剤などに利用されている化合物である．これらの化合物は，疎水性部分と親水性部分をともにもっており，水にも油にも溶ける．さらにきわめて分解されにくいため，環境や人体への蓄積が予想されていた．米国や日本において，フッ素系物質製造工場の従業員の血液から PFOA が検出されたり，河川の水から微量に PFOS が検出されている．ヒドロフルオロカーボン（HFCs）やヒドロクロロフルオロカーボン（HCFCs）などに起因すると推定される，トリフルオロ酢酸の土壌中への蓄積が危惧されるようになってきている．また，含フッ素農薬は少量の散布で高い効果を発揮するため，近年大量に利用されるようになってきた農薬であり 2002 年の時点で，日本国内において数百トン以上出荷されている．

## 8.8.2　含フッ素有機化合物の分解例

モノフルオロ酢酸(MFAc)は高い毒性を示すことが知られており，殺鼠(そ)剤などに利用されている．この MFAc はフルオロアセチル CoA に代謝されたのち，クエン酸回路に入りフルオロクエン酸となる．この物質がアコニターゼの反応を阻害するため，MFAc は生体にとって高い毒性を示す．この MFAc を *Pseudomonas indoloxidans*, *P. cepacia*, *Moraxella* sp., *Burkholderia* sp. などのグラム陰性菌や，菌類である *Fusarium solani* が分解することが知られている(図 8.15)．*Pseudomonas* による分解では，MFAc はフッ素が脱離グリコール酸となる．MFAc は唯一の炭素源として資化され，MFAc の分解酵素は MFAc の存在下でのみ発現する．

トリフロロ酢酸が，還元的に脱フッ素化される例も報告されている．この反応は，海水または淡水より採取した菌によるものである．トリフルオロ酢酸は，順次ジフルオロ酢酸，モノフルオロ酢酸，酢酸，メタンへと代謝される．この反応は，メタン生成条件下または硫酸還元条件下でのみ進行し，メタン細菌の阻害剤を加えたときには脱フッ素反応が起こらないことなどから，メタン細菌が直接関与していると考えられる．また，トリフルオロ酢酸が嫌気環境下でメタノールと共代謝され，上に示した経路と同じように分解された例も報告されている．

$$F\text{-}CH_2CO_2^- \xrightarrow[\text{HF}]{\substack{\textit{Pseudomonas} \text{ sp.} \\ H_2O}} HO\text{-}CH_2CO_2^-$$

モノフルオロ酢酸　　　　　　　　　グリコール酸

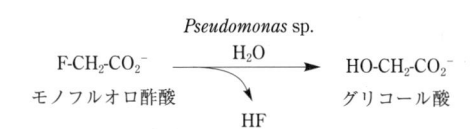

**図 8.15**　モノフルオロ酢酸の微生物による脱フッ素化．

## 8.8.3　C-F 結合分解菌のスクリーニング

C-F 結合を切断する菌体のスクリーニングの対象化合物としては，多くの含フッ素農薬に共通する構造であるフルオロベンゼン(FB)，ベンゾトリフルオリド(BTF)についての報告がなされている．また，フルオロアルキル化合物も工業的に広く利用されており，環境への蓄積例が報告されている化合物もあるため，分解試験の対象として着目されている．そのなかでも，とくに分解例の少ないジフルオロメチル基を有するジフルオロ酢酸エチル(EDFA)が，選択されている．またスクリーニング源としては，含フッ素農薬やフルオロアルキル化合物等のフッ素化合物によるストレスを受けているであろうと考えられる土壌細菌が用いられている．とくに土壌中に常在することが知られており，二次代謝能力が高いことで知られている放線菌が選択された．こ

れらのフッ素化合物と検体を用いてスクリーニング系を構築し、スクリーニングが行われ、その結果 FB, BTF については、いずれかの分解能を示す株が見いだされている。次に、EDFA も容易に分解されることが報告されている。

天然界では分子内にハロゲンを有する有機化合物が約 3,500 種も見いだされているが、この中に有機フッ素化合物は、現在のところ 12 種の化合物のみが知られているにすぎない。また、フッ素原子を分子内へ組み入れることができるフッ素化酵素としては、放線菌(*Streptomyces cattleya*)から見いだされた酵素(フルオリナーゼ)のみである(図 8.16)。この酵素は、$S$-アデノシル-L-メチオニン(SAM)へフッ素を導入可能であり、5' 位の炭素をフッ素化することによって、5'-フルオロ-5'-デオキシアデノシン(5'-FDA)を生成する。反応機構は、5' 位の炭素を中心にして硫黄原子の背面からフッ化物イオンが求核的に攻撃する、$S_N2$ 型の反応であると考えられている。図 8.16 に示すように、フルオリナーゼの反応場は、互いに異なるフルオリナーゼの N 末端ドメインと C 末端ドメインによって挟まれる形で構成されており、N 末端ドメイン側のアミノ酸残基によって形成されるフッ化物イオンポケットにフッ化物イオンは収ま

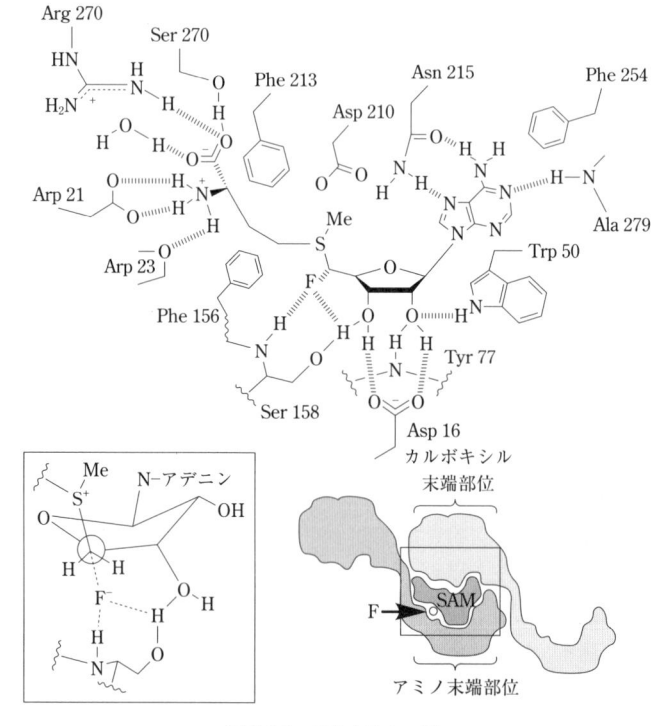

**図 8.16** フルオリナーゼ.

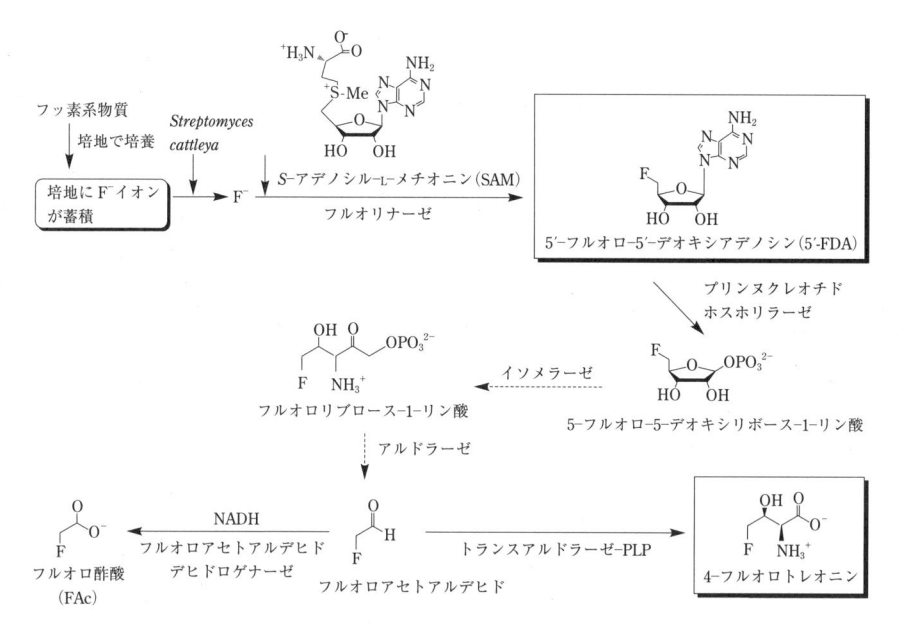

**図 8.17** フッ素資源循環プロセスの展開.

る．さらに，種々の酵素反応により 5'-FDA はただちに変換され，放線菌（*Streptomyces cattleya*）の培養液中では，最終生成物として 4-フルオロトレオニンとフルオロ酢酸誘導体の生成が確認されている（図 8.17）．

## 8.9 医農薬品への展開

フッ素系物質の重要な応用展開として，医農薬品などの生理活性物質への展開をあげることができる．これまでに述べてきたフッ素原子の特異的な性質が，薬理作用の発現や活性向上，生体内での吸収，輸送といった体内動態の改善や向上に役だっている．生理活性の発現のためには，分子内の特定の位置にフッ素原子ないしはトリフル

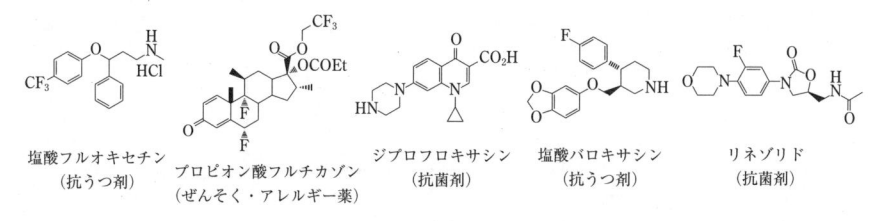

**図 8.18** フッ素系生理活性物質．

オロメチル基などを1つ導入することが重要な因子であり，分子内のどのような位置に導入すべきかという点については明確となっていない．医薬品の上位20位までに，フッ素系物質は数種類含まれており(図8.18)，売り上げ高という点においても重要な位置を占めている．

## 8.9.1 生理活性発現の機構

モノフルオロ酢酸は，TCA回路において酢酸とまちがわれTCA回路に取り込まれることが知られている．酢酸は，クエン酸シンターゼによりクエン酸へと変換されたのち，アコニターゼによるエナンチオ場区別反応により脱水され，cis-アコニット酸へと変換されていきTCA回路に順次取り込まれていくが，モノフルオロ酢酸は，クエン酸シンターゼにより4種類の立体異性体へと変換される．そのうちの1つであるエリトロ$L_s$型では，図8.19に示すように，アコニターゼによる脱水反応が阻害されて体内に蓄積され，肝臓毒性を発現することが知られている．

フルオロクエン酸の立体異性体の生成経路について，図8.20に簡単に示す．まず，オキサロ酸のカルボニル基に注目すると表面と裏面があり，それぞれの呼称としては$Re$面と$Si$面と称されている．また，$CH_2$基の2つの水素は$proR$と$proS$と称されている．このそれぞれの水素が，酵素により選択的に脱プロトン化されたのち，$Re$面なり$Si$面を区別して攻撃することで，立体異性体が生成する．2つの水素と2つの面の組合せにより，4つの立体異性体が生成する．

5-フルオロウラシル(5-FU)の場合には，チミジン合成酵素により葉酸との付加体生成まで反応が進行するが，フッ素が$F^+$として脱離できないために，チミジンの生合成が阻害される．その結果DNAの生合成が阻害され，生理活性が発現することが知られている(図8.21)．

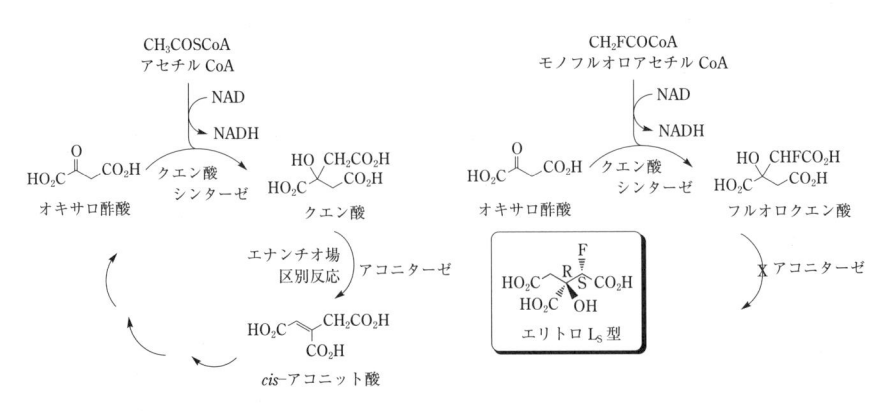

**図8.19** TCA回路.

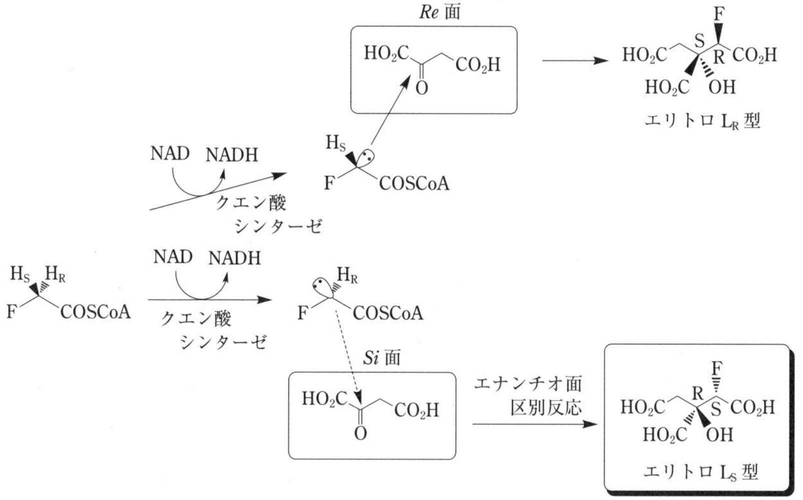

**図 8.20** エナンチオ面区別反応による立体異性体生成.

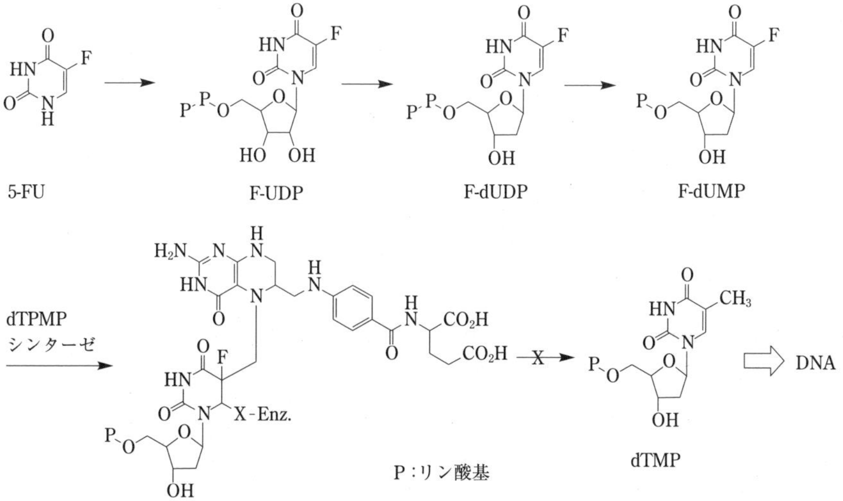

**図 8.21** 5-フルオロウラシルの生理活性発現機構.

## 8.9.2 自殺基質型酵素阻害

　分子内にフッ素原子を導入することにより分子の反応性が向上し，酵素の攻撃を受けやすくなっている物質群に酵素が非可逆的に結合することにより活性を発現する．

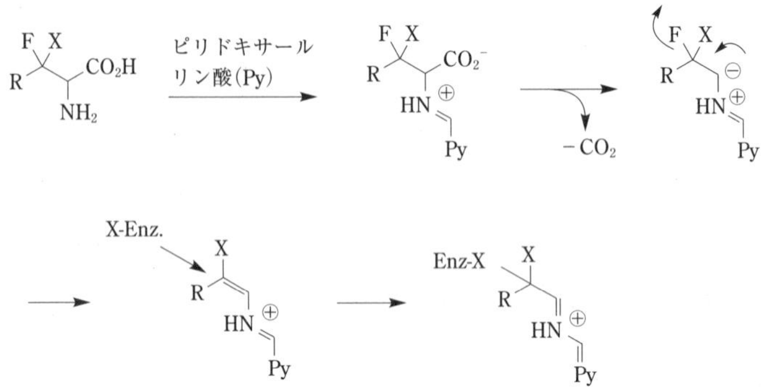

図 8.22 脱炭酸酵素阻害機構. Enz.：酵素.

たとえば α-フルオロメチルアミノ酸は，ピリドキサールリン酸とシッフ塩基を形成したのち，脱炭酸が進行しフルオロメチルの α 位にカルバニオンを生成して，フッ素アニオンを脱離することにより炭素-炭素二重結合を形成する（図 8.22）．この二重結合に酵素の官能基が反応することにより非可逆的な結合を形成し，酵素阻害を起こして活性を発現する．α-フルオロメチル基に複数個のフッ素原子が存在すると，形成される炭素-炭素二重結合上に二重結合をさらに活性化させるフッ素原子が置換していることとなり，酵素の攻撃がより容易となることが類推される．

### 8.9.3 イソスター

リン酸エステルやアミド結合に類似した物性を発現させることにより，加水分解酵素に対する抵抗力の付与などを意図した分子設計がなされている．たとえば，リン酸エステルの生物学的等価体（バイオイソスター）としてホスホン酸のフッ素置換体が，またジペプチドイソスターとしてフルオロオレフィン類が活用されている（図 8.23）．

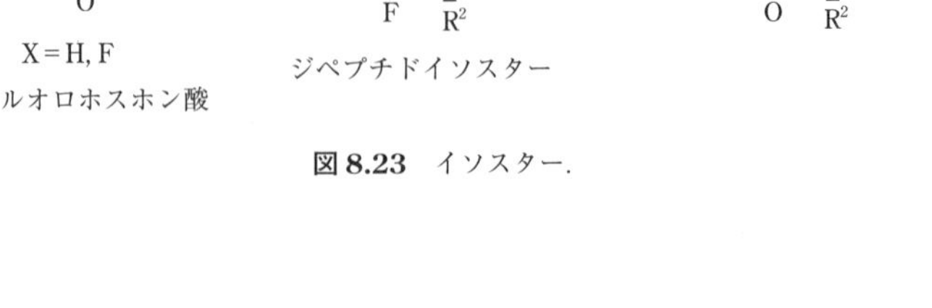

$X = H, F$
フルオロホスホン酸

ジペプチドイソスター

図 8.23 イソスター．

## 8.10 農　　薬

　フッ素系物質の応用展開として，殺虫剤，殺菌剤，除草剤などの農薬分野がよく知られており，農薬全体の 10 〜 15％程度を占める．環境問題を考慮して少量で効果がある農薬へと移行しているなかで，フッ素系物質の果たす役割は大きい．農薬においてフッ素を導入することによりどのような効果が期待されているのかをまとめると，以下のようである．
　1) フッ素原子の大きな電気陰性度により，活性部位での電気的な影響を生じる．
　2) 代謝の際に大きな C-F 結合エネルギーのために，代謝阻害を起こす．
　3) フッ素原子は，一般的には脂溶性基として，組織，膜への浸透性・透過性を向上させる．
　代表的なフッ素系農薬を図 8.24 に示す．

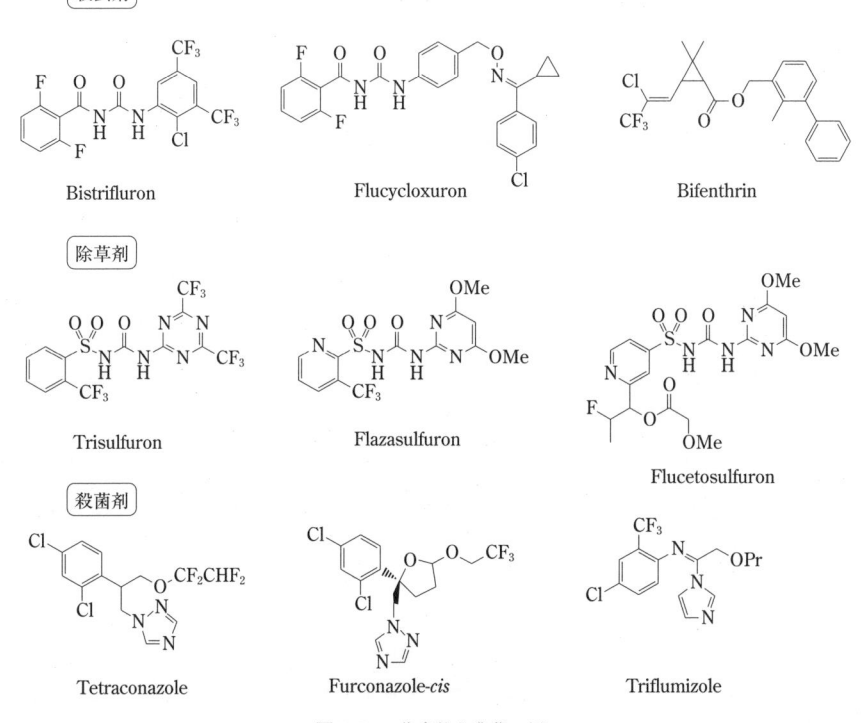

殺虫剤

Bistrifluron　　　　Flucycloxuron　　　　Bifenthrin

除草剤

Trisulfuron　　　　Flazasulfuron　　　　Flucetosulfuron

殺菌剤

Tetraconazole　　　　Furconazole-*cis*　　　　Triflumizole

**図 8.24**　代表的な農薬の例．

## 8.11 液晶

　現在の液晶は，動画対応，カラー，高精細化が可能な薄膜トランジスター(TFT)を用いるアクティブマトリックス方式のLCDが主流であり，現代社会に不可欠となっている携帯電話，パソコン，携帯情報端末などに応用されており，1)低電圧駆動，2)高速応答，3)高信頼性，などが要求されている．フッ素系液晶材料は，1980年代から開発が始まり現在も続いているが，当初は環状構造にフッ素原子が導入された液晶が開発された．

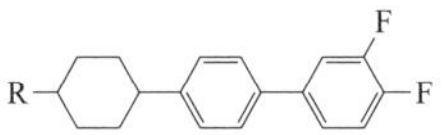

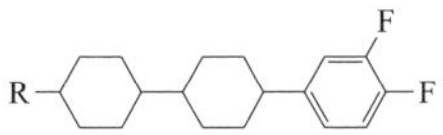

1990年代に入ると，STN用含フッ素連結基液晶が開発されるとともに，低粘性材料が求められるようになった．

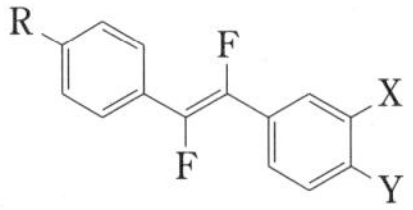

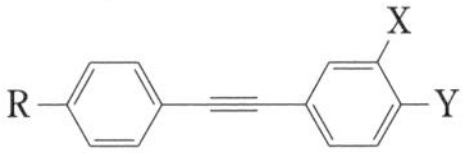

TFT-LCD用の液晶材料は，第三世代の液晶として，さまざまな構造を有している液晶が開発されている(図8.25)．

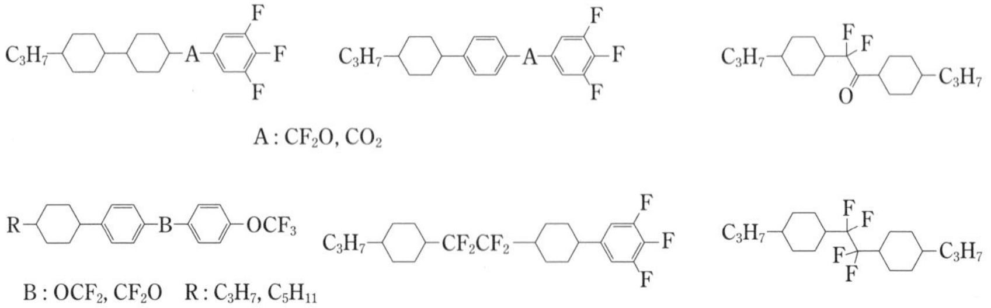

図 **8.25** さまざまなフッ素系液晶．

## 8.12 撥水撥油性

　防水スプレーなどで知られている撥水撥油剤もフッ素系物質が多く利用されており，衣料や産業資材などの繊維製品，紙の撥水撥油加工として広く使用されている．フッ素系撥水撥油剤の特徴は，高耐水圧性，撥油性，防汚性も付与できることである．

C-F結合を多く含む物質は化学的に安定であり,耐熱性,耐薬品性,耐酸化性にすぐれ,分子間凝集力が小さく,表面自由エネルギーが低いために,ぬれにくい特性を有している.表面自由エネルギーの目安として臨界表面張力が用いられているが,液体の滴を固体表面上に置き,接触角($\theta$)を測定して求める(図8.26).フッ素系物質の臨界表面張力が小さいほど,水に対する接触角は大きくなる.とくに,表面に$CF_3$基が配向したフッ素系物質の臨界表面張力は小さいことが知られている(図8.27).

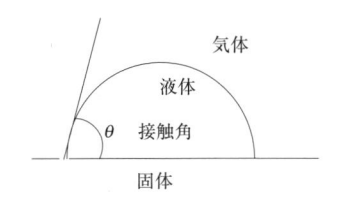

**図8.26** 接触角の定義.

**図8.27** 撥水撥油剤の一般的な構造.

## 8.13 レジスト材料

半導体集積回路(IC)の微少な回路パターンをシリコンウエハ基板上の酸化皮膜に加工する場合,感光性を有するレジストを基板上に回転塗布し,加熱乾燥することで高分子薄膜を作成する.さらに,回路パターンを有するマスクを介して光照射することにより,レジストに所望のパターンを露光し,光化学反応を起こさせる.光化学反応には,酸触媒を利用する化学増幅系レジストが用いられるが,原理を図8.28に図示する.

**図8.28** 化学増幅系レジスト.

## 8.14 フッ素ゴム

フッ素ゴムと称される高分子体は，全世界で1万数千トン製造されており，自動車部品をはじめとして産業用材料として欠くことができない物質となっている．フッ素ゴムは，耐熱性，耐油性，耐薬品性，耐オゾン性，難燃性にすぐれたゴムである．この性質は，1) C-F 結合エネルギーが大きいこと，2) フッ素原子の比較的大きな van der Waals 半径が主鎖の炭素−炭素結合を保護している，などに基因している．代表的な高分子体を，図 8.29 に例示しておく．

$$-(CF_2\text{-}CH_2)_m(CF_2-CF(CF_3))_n-$$

$$-(CF_2\text{-}CH_2)_m(CF_2-CF(CF_3))_n(CF_2\text{-}CF_2)_o-$$

$$-(CF_2\text{-}CH_2)_m(CF_2-CF_2)_n(CF_2\text{-}CF(OR_F))_o-$$

$$-(CF_2\text{-}CF_2)_m(CF_2-CF(OR_F))_n-$$

**図 8.29** 代表的なフッ素ゴム．

# 9 リン酸化学——核酸化学への展開

　天然有機化合物の中には，DNAやRNAをはじめ，ATPやFADなどのさまざまな核酸系のリン酸エステル誘導体がよく知られている．また，ホスホエノールピルビン酸やクレアチンリン酸などのいわゆる高エネルギー化合物も，リン酸エステル誘導体である．タンパク質も，チロシンやトレオニンの水酸基がリン酸化されたものが，さまざまなタンパク質発現に重要なシグナル伝達の機構に関与している．また，糖類の中には，グリコシド結合構築のための中間体としてリン酸化された誘導体も存在している．グルコース-1-リン酸やグリセルアルデヒド-3-リン酸は，解糖反応の中間代謝物として知られている．脂質の中にも，ホスファチジルコリンのように細胞膜成分として使われる天然物もある．また，テルペン類の生合成は，3-イソペンテニル二リン酸やゲラニル二リン酸を経由して行われる．ホスラクトマイシンBのような抗腫瘍性の生理活性天然物も，見いだされている．このように，生体分子の中には，リン酸化された多種多様な誘導体が，生命の維持，エネルギー源，合成中間体などのために重要な役割を果たしている．図9.1にこれらをまとめて示す．

　ここでは，このようなリン酸化された有機化合物を合成するために必要な基礎的な知識と，リン酸化反応について述べる．

## 9.1　リン酸誘導体の化学的性質

　リン酸誘導体は，カルボン酸誘導体と対比してその構造的類似性から物性をみると，その本質が理解しやすい．図9.2に示すように，最も単純なカルボン酸である炭酸の$pK_{a_1}$と$pK_{a_2}$は，それぞれ3.6と10.3である．一方，リン酸は解離できる水素が3個あり，$pK_{a_1}$，$pK_{a_2}$，$pK_{a_3}$はそれぞれ2.1，7.2，12.7である．このように，一次解離については，リン酸のほうがより強い酸であることがわかる．二次解離に関しても，やはりリン酸のほうが$pK_a$が小さく，より解離しやすい．弱酸性にすると解離せず，弱

**図 9.1** 生体内に存在するさまざまなリン酸エステル，リン酸アミド誘導体．

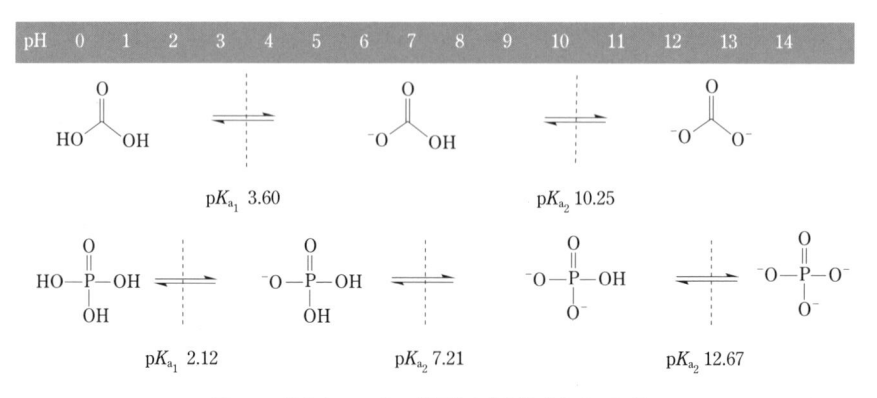

**図 9.2** 炭酸とリン酸の酸解離定数と構造変化の比較．

塩基性にすると解離できる中性条件を境目に，微妙な物性の変化をする性質をもっている．リン酸の三次解離定数 $pK_{a_3}$ はかなり高くなり，生理学的条件では解離していないことがわかる．

炭酸とリン酸の大きな違いは，エステル誘導体ではっきり現れる．炭酸のモノエステル体はきわめて不安定で，中性条件下では，二酸化炭素ガスとアルコールに直ちに

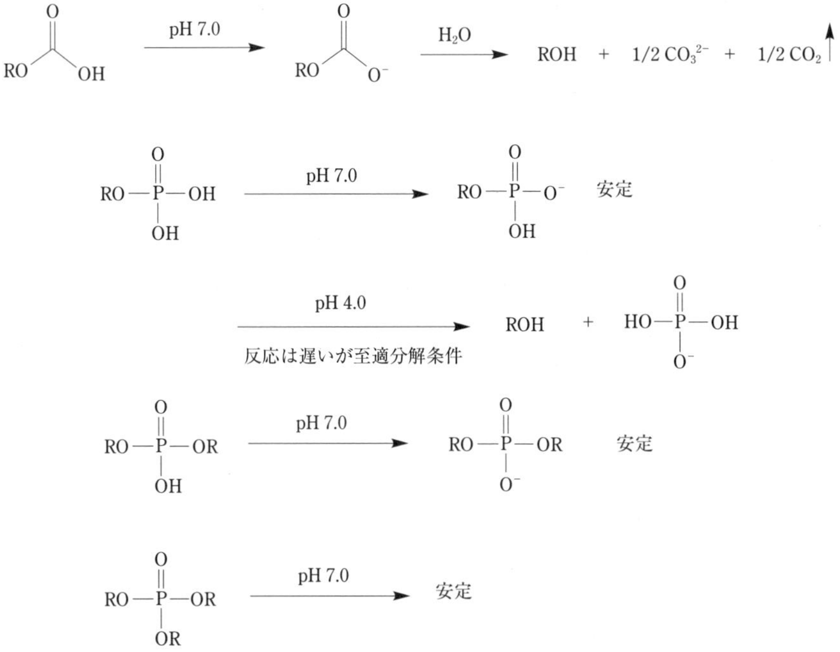

## 9.1 リン酸誘導体の化学的性質

**図 9.3** リン酸のエステルの安定性の比較.

分解する．これに対して，リン酸のモノエステル体は，同じ条件下でかなり安定である．しかし，リン酸モノエステルは，pH4 付近で加水分解を受けやすいという特有な性質もある．さらに，リン酸モノエステルと比べると，リン酸のジエステルはより安定である．この安定性は，DNA のバックボーン構造がリン酸ジエステルから構成されていることからもうなずける．DNA は，ミイラやマンモスなど相当古い試料からでも遺伝子解析が可能であるように，中性条件で保存されている状況下では，きわめて安定である．この結合が，生命の伝達の本質である遺伝子の構造に採用されていることは，化学的にも妥当であり，自然界では，このような仕組みが最終的に選ばれたといえよう．

それでは，もう1つエステル結合が多いリン酸のトリエステルは，どのような性質があるだろうか．リン酸がすべてアルコールによってトリエステル化されると，当然中性の化合物となり，解離する水酸基は存在しなくなる．そのため，リン酸トリエステルは，$(RO)_2P(O)O$ 基の潜在的な脱離能力がその性質を支配するようになる．たとえば，リン酸ジメチルの $pK_{a_1}$ は 2.1 であるが，これは対応する炭酸メチルの $pK_{a_1}$ 4.0 よりも 3 の桁(解離定数 $K$ でいえば $10^3$ 倍大きい)で強い酸であり(図 9.4)，解

9 リン酸化学

**図9.4** 炭酸メチル，リン酸ジメチル，トシル酸メチルのアルキル化能力と，脱離基の共役酸の酸解離定数の比較．

pK_a 値：トシル酸 $pK_a -8.2$，リン酸ジメチル $pK_a 2.1$，炭酸 $pK_a 4.0$

離したアニオンが，中性条件下，かなり安定なものとして存在できることを意味している．これは裏を返せば，リン酸ジエステルのアニオン$(RO)_2P(O)O^-$は，脱離基としてすぐれた性質をもっているといえる．トシル酸(TsOH)のアニオンと似た性質があることに気づく．そのため，トシル酸メチルほどではないが，リン酸トリエステルは求核剤に対してある程度のアルキル化能力を示す．たとえばリン酸トリメチルは，ピリジンに溶かすと徐々にピジリンをメチル化し，ジメチルリン酸の$N$-メチルピリジニウム塩となる．

このような性質のため，自然界では，リン酸トリエステルの構造をもつものは，筆者の知るかぎり存在していない．もし，DNAのリン酸基がさらにメチルエステルとなったトリエステル型の構造をしていたとすると，自分自身の塩基部位がメチル化され，自己分解が起こり，遺伝子の子孫への安定な伝搬は不可能であろう．ジエステル型のDNAにはアルキル化能力はない．これは，リン酸ジエステル結合に解離した酸素アニオンが存在しているため，脱離反応を起こすためには，ジアニオン型のリン酸モノエステルが脱離基とならなければならず，その二次解離は$pK_a7$程度であるため，もはや脱離能力は失われているためである．DNAは，実にうまい具合に，保存のためには理想的な構造をとっている．またリン酸ジエステルで，解離しているリン酸の酸素イオンは共鳴効果で，リン酸基の二重結合性のP=Oと共役して存在していることも，安定性の１つの理由でもある(図9.5)．

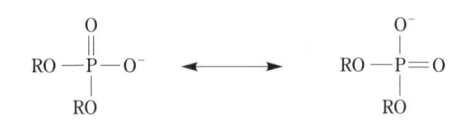

**図9.5** リン酸基の共鳴安定化効果．

## 9.2 リン酸化反応

リン酸化反応といっても,リン酸エステルを合成する反応としては,モノエステル,ジエステル,トリエステルのどの種類を最終的に合成したいかにより,その合成手法は異なる.以下,順番に述べる.

### 9.2.1 モノエステル合成のためのリン酸化反応

有機化合物のアルコール性水酸基をリン酸化して,リン酸モノエステルを合成するおもな方法としては3種類ある.図9.6に示すように,(a)オキシ塩化リンをリン酸化剤として用いる方法,(b)塩化物イオンを脱離基としてもつ2つの保護基が導入された5価のリン酸化剤を用いる方法,(c)3価の亜リン酸化剤を用いる方法,である.

オキシ塩化リンを用いる第1の方法(図9.6(a))は,反応で生じる塩化水素を中和す

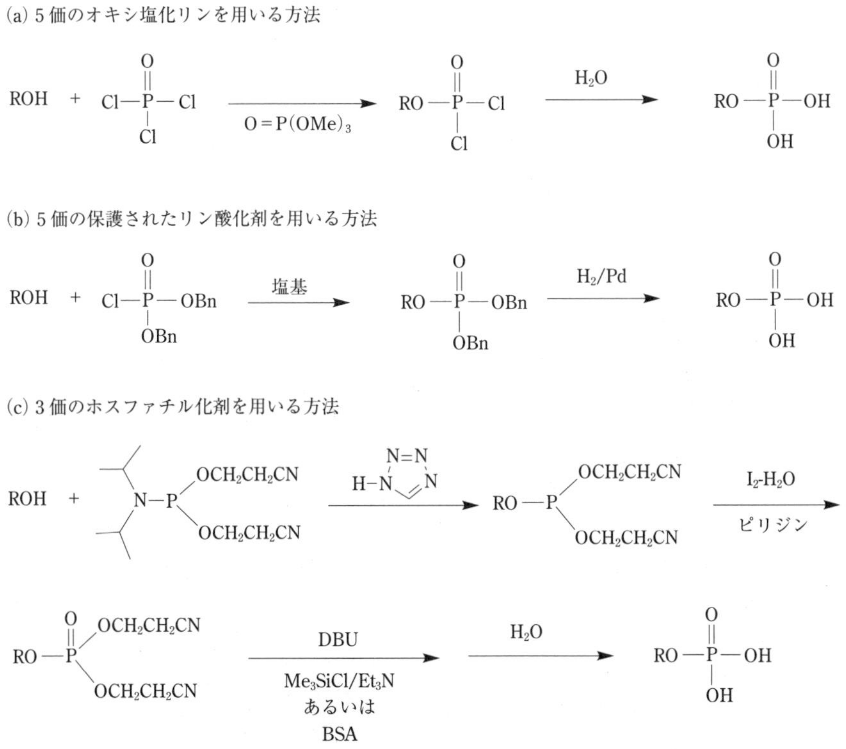

(a) 5価のオキシ塩化リンを用いる方法

$$ROH + Cl-\underset{Cl}{\underset{|}{\overset{O}{\overset{\|}{P}}}}-Cl \xrightarrow{O=P(OMe)_3} RO-\underset{Cl}{\underset{|}{\overset{O}{\overset{\|}{P}}}}-Cl \xrightarrow{H_2O} RO-\underset{OH}{\underset{|}{\overset{O}{\overset{\|}{P}}}}-OH$$

(b) 5価の保護されたリン酸化剤を用いる方法

$$ROH + Cl-\underset{OBn}{\underset{|}{\overset{O}{\overset{\|}{P}}}}-OBn \xrightarrow{塩基} RO-\underset{OBn}{\underset{|}{\overset{O}{\overset{\|}{P}}}}-OBn \xrightarrow{H_2/Pd} RO-\underset{OH}{\underset{|}{\overset{O}{\overset{\|}{P}}}}-OH$$

(c) 3価のホスファチル化剤を用いる方法

$$ROH + \underset{\phantom{X}}{(iPr)_2N}-\underset{OCH_2CH_2CN}{\overset{OCH_2CH_2CN}{P}} \xrightarrow{H-N\overset{N=N}{\underset{\phantom{X}}{\diagdown}}} RO-\underset{OCH_2CH_2CN}{\overset{OCH_2CH_2CN}{P}} \xrightarrow[ピリジン]{I_2\cdot H_2O}$$

$$RO-\underset{OCH_2CH_2CN}{\underset{|}{\overset{O}{\overset{\|}{P}}}}-OCH_2CH_2CN \xrightarrow[\substack{Me_3SiCl/Et_3N \\ あるいは \\ BSA}]{DBU} \xrightarrow{H_2O} RO-\underset{OH}{\underset{|}{\overset{O}{\overset{\|}{P}}}}-OH$$

**図 9.6** リン酸モノエステルの合成方法.

るために,一見塩基を加える必要があるように思われるが,実際には,塩基を加えずに反応するほうがはるかによい結果を与える.とくにこの反応は,アデノシン 5′-リン酸などのヌクレオチドを合成するために,第一級の水酸基への選択的リン酸化反応として最良の方法とされて,よく使われる.これは,溶媒に使う亜リン酸トリメチルが塩基として働くためである.

一般に,トリエチルアミンやピリジンなどの塩基を存在させてアルコールをオキシ塩化リンでリン酸化する反応は,反応が複雑になるため使われていない.これは,カルボン酸の酸塩化物が有用なエステル合成の原料となるのに対して対照的である.オキシ塩化リンは三官能性の試薬であるため,反応制御がむずかしく,複雑な生成物を与えるためである.また,カルボン酸の酸塩化物は,カルボン酸に塩化チオニルや三塩化リンを反応させると簡単に合成できるが,リン酸モノエステルやジエステルにこのような試薬を反応させても,対応するリン酸の酸塩化物は合成できない.リン酸エステル結合が存在している状況では,合成条件下,分解が起こってしまう.

第 2 の方法(図 9.6(b))は,アルコールと酸塩化物からエステルを合成する方法とよく似ていて,いかにも一般性が高くみえるが,現実には,5 価のリン酸の酸塩化物は合成もむずかしく分解しやすいため,あまり使われない.

最も信頼性が高く汎用されているものは,第 3 の方法(図 9.6(c))である.3 価の亜リン酸化剤としては,$(RO)_2PCl$ で示される試薬や,$(R^1O)_2PNR^2_2$ で示されるホスホロアミダイト試薬がある.前者は反応性が高すぎることや保存性も悪いので,後者の試薬が取り扱いやすく,よく用いられている.この試薬では,保護基の残基である $R^1$ の選択が重要である.リン酸化したい化合物に含まれている官能基の性質によって選ぶ必要がある.たとえば,その官能基が酸で不安定ならば,$R^1$ はその条件で安定で,中性もしくは塩基性条件で除去できるものを選択する.このような場合に,$H_2/Pd$ のような水素添加反応などの中性条件で除去できる保護基としては,ベンジル基がよく用いられている.塩基性条件で除去できるものとしては,2-シアノエチル基が代表的な保護基となる.この保護基は,有機強塩基である NaOH や DBU で除去できるが,1 つめと 2 つめの保護基の外れやすさにかなりの差がある.そのため,短時間で除去するためには,ビス(トリメチルシリル)アセトアミド(BSA)存在下 DBU と反応させると,15 分以内に簡単に除去できる.最近では,このようなシリル化剤と組み合わせる方法が,一般的なものとなっている.

官能基が塩基性で不安定な場合には,$R^1$ としては,$H_2/Pd$ のような水素添加反応で除去できるベンジル基,酸性条件で除去できる $t$-ブチル基がある.

## 9.2.2 ジエステル合成のためのリン酸化反応

$R^1OP(O)(OR^2)OH$ というリン酸ジエステル誘導体を合成するためには，いったんリン酸モノエステル $R^1OP(O)(OH)_2$ を合成してから，アルコール $R^2OH$ から脱水縮合反応させる方法がある．この場合，一般にリン酸モノエステルを脱水試薬と反応させると，縮合反応で対称ピロリン酸ジエステルが副生しやすく，この副生成物と分離もしにくいので，推奨されない．しかし，AMP などのような天然有機化合物を修飾基としてジエステル体を合成したいときには，この縮合法を使わざるを得ない．この場合には，ジシクロヘキシルカルボジイミド(DCC)や 2,4,6-トリイソプロピルベンゼンスルホニルクロリド(TPS)が，汎用されている(図 9.7)．

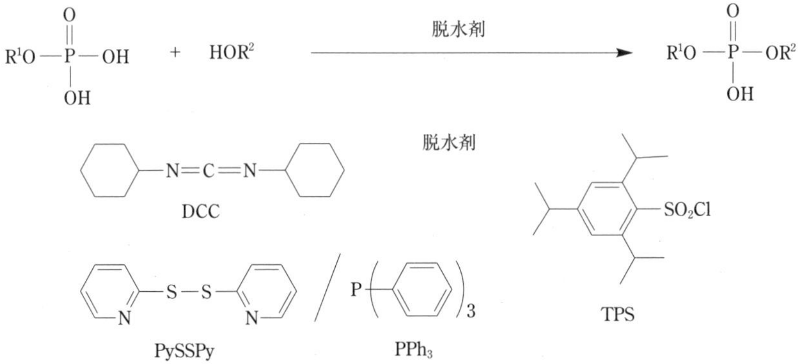

図 9.7 リン酸ジエステルを合成する方法．

$R^1OH$ と $R^2OH$ の 2 つのアルコール成分から，リン酸ジエステルを合成手法として，比較的反応がきれいに進行する亜リン酸モノエステルを中間体とする方法がある(図 9.8)．すなわち，第 1 のアルコール($R^1OH$)にジフェニルホスホネートを反応させて水で処理すると，亜リン酸モノエステルが定量的に生成する．これに，第 2 のアルコール($R^2OH$)を塩化ピバロイルや EDPC などの縮合剤を用いて脱水反応を行うと，数分以内に迅速に反応が起こる．生成した亜リン酸ジエステルをヨウ素や $t$-BuOOH で酸化すると，リン酸ジエステルが収率よく合成できる．

図 9.8 の第 1 段階の反応は円滑に進行し，定量的にホスホン酸エステルが得られる．この反応は，ギ酸エステルのアルコールによるエステル交換反応によく似ている．ジフェニルホスホネートの HP(O) 基はアルデヒド基のような性質があると考えると，わかりやすい．すなわち，P=O のリンと酸素原子の電気陰性度は，それぞれ 2.0 と 3.4

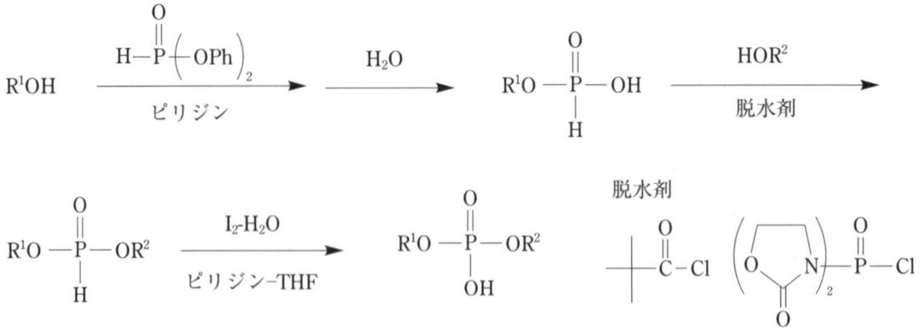

9 リン酸化学

図9.8 亜リン酸ジエステルを経由するリン酸ジエステル合成.

であるため，リン原子は正電荷に，酸素原子は負電荷に分極している．そのため，求核試薬に攻撃を受けやすい性質がある．いったんアルコールのような求核剤が反応するとP=Oが立ち上がり，生じた酸素アニオンから電子がもとに戻るとともに，今度はフェノールが脱離することによって，結果的にエステル交換反応が進行する．第2段階の反応は，ホスホン酸のエステルを塩化ピバロイルと反応することによって，混合酸無水物ができるところまでは納得できる．しかし，そのあと，第2のアルコール($R^2OH$)がピバリン酸のカルボニル炭素を攻撃しないで，選択的にホスホン酸のリン原子を攻撃しないかぎり，目的のホスホン酸ジエステルは得られない．脱離基となるホスホン酸の$pK_a$は1程度であり，ピバリン酸の$pK_a$は5程度である．したがって，より脱離しやすいのはホスホン酸残基であり，いままで述べてきた論理では，カルボニル炭素を攻撃することになってしまう．しかし，現実には反対である．しかも反応は瞬時に起こり，選択性も100%である．この謎は，H–P(O)結合をもつ化合物にある．このようなH–P結合は結合が解離しやすく，5価と3価の平衡が存在する．とくに，溶媒として使っているピリジンのような弱い塩基で解離しうるため，5と3価の平衡が促進される．いったん3価の構造をとると，3価のリン残基の脱離能力はほとんどなくなる．そのため，相対的にピバリン酸残基のほうが脱離能力が大きく，アルコールはリン原子を攻撃すると説明される．このように，リン酸やホスホン酸の誘導体は固有な性質をもつことを理解したい．

### 9.2.3 トリエステル合成のためのリン酸化反応

9.1節で述べたように，リン酸トリエステル型の天然物はまだ確認されていないため，最終目的物としてリン酸トリエステル誘導体を合成することは，特別な修飾基を導入する以外には使われない．むしろ，リン酸トリエステルは電荷がない中性の化合物であることから，シリカゲルクロマトグラフィーで簡単に分離生成ができる．その

ため，リン酸モノエステルやジエステルを合成するための合成中間体として使われることがほとんどである．

## 9.3　DNAの合成

　DNAは，リン酸ジエステル構造をもつ典型的な天然物である．この最終的な構造を合成するためには，モノマー単位で1つずつ固相上で縮合反応を繰り返す必要がある．また縮合の際，塩基部位やリン酸部位にできるだけ副反応が起こらないように，反応性の高い官能基はすべて適切な保護基で保護する必要もある．さらに，各縮合反応が迅速に行えることも重要である．このような条件を可能とする方法は，いわゆるホスホロアミダイト法とよばれるDNAの化学合成法である（図9.9）．この方法では，9.2.1項で述べた3価のホスホロアミダイト誘導体を用い，P–N結合を$1H$–テトラゾールで活性化し，縮合を1分以内ですばやく行うことができる．塩基部位には，簡単にアンモニアで除去できるアシル系の保護基が導入され，縮合反応のときに副反応が起こらないように工夫されている．

　モノマーの第一級水酸基には，4,4′-ジメトキシトリチル（DMTr）基が導入されている．この保護基は，1%トリフルオロ酢酸／塩化メチレンで瞬時除去ができる．まず，多孔質ガラス（CPG）や50%架橋されたポリスチレン樹脂上にアミノ基が存在してい

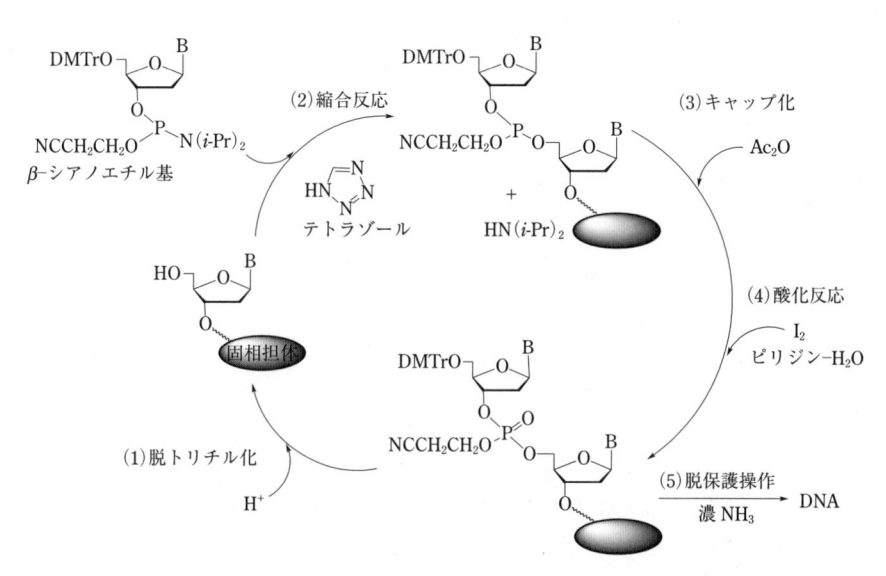

**図9.9**　DNAの化学合成の合成サイクル．

る固相支持担体に，3′末端のモノマーをリンカー（コハク酸のアミドエステル構造を用いる）を介して連結したものを酸処理して，第一級水酸基を発生させる．そこに，塩基部位を保護した4種類のモノマーのホスホロアミダイトを，活性化剤存在下反応させ，鎖を1つ伸ばす．縮合反応の際，必ずしも100％の反応が達成されないため，通常は0.1～0.5％程度残存する未反応の5′水酸基を，次の縮合反応の際に反応して，1つ少ない鎖が形成されてしまうことを防ぐため，大過剰の無水酢酸でアセチル化してマスクする．その後，3価の亜リン酸エステル中間体をヨウ素で酸化して，安定なリン酸トリエステルに誘導する．この一連のDMTr基の脱保護，縮合反応，キャップ化反応，ヨウ素酸化反応を繰り返し，必要な長さのDNAを固相上で構築する．最後に，アンモニア処理と酸処理により，すべての保護基と固相からの切り出しを行い，目的のDNAオリゴマーを得る．

## 9.4 RNAの合成

RNAの合成は，DNAにはない2′水酸基が存在しているため，その部位に保護基を導入して，DNA合成と同様な固相合成を用いて行われる．図9.10に示すように，2′水酸基の保護基としては，一般に$t$-ブチルジメチルシリル（TBDMS）基が汎用されている．この保護基は，アンモニア／EtOH中でかなり安定であるが，1M $Bu_4NF$/THFで容易に除去できる．2′水酸基の保護基がかさ高いことから，縮合効率は，DNAのときに比べると99～99.5％程度である．

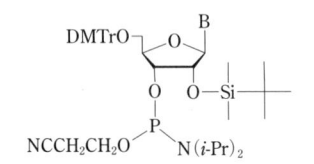

図9.10 RNAの化学合成に用いる合成ユニット．

## 9.5 ポリリン酸化反応

DNAからRNAが転写反応によってできるときの基質として働いたり，生体反応でエネルギー源になるATPやGTPなどのリボヌクレオシド5′-トリリン酸や，それらの代謝物であるリボヌクレオシド5′-ジリン酸，7-メチルグアノシンがトリリン酸を介してmRNAに連結しているmRNAの5′-末端構造のキャップ構造，FADのよう

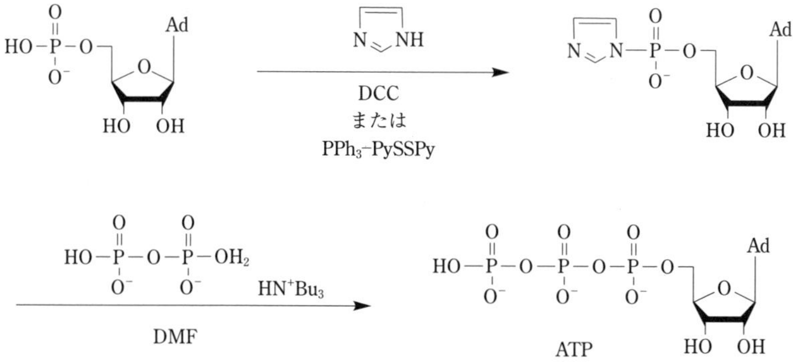

**図 9.11** ATP の合成.

な核酸補酵素のような複数のリン酸基が縮合した構造をもつ化合物は，図 9.11 のような縮合反応が用いられる．すなわち，リン酸基を，イミダゾールやモルホリンを形式的に脱水された構造のリン酸アミド中間体と，リン酸エステル誘導体を逐次反応させることにより，合成できる．

# 10 演習問題と解答

　効率よく有機化学を勉強するためには，有機化合物の構造や反応機構を自分で描くことがいちばん重要である．本章では，学習の総仕上げとして演習問題に取り組んでいただくが，頭の中で考えるだけでなく，化合物と電子の流れをしっかり描いてほしい．各章ごとに 2 ～ 3 題の演習問題を出題し，解答は章末にまとめて記してある．まずは解答を見ずに，レポート用紙などに化合物の構造を描くことから始めていただきたい．

## 演習問題

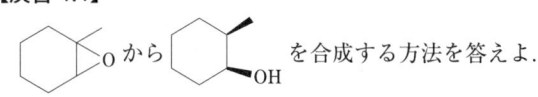

**【演習 1.1】**

（エポキシシクロヘキサン）から（trans-2-メチルシクロヘキサノール）を合成する方法を答えよ．

**【演習 1.2】**

　ブロモシクロアルカンに対し，アセトン中で KI を作用させて求核置換反応を行ったときの相対速度定数 $k_{rel}$ を比較したところ，下表のようになった．反応性を大きく 3 つのグループにわけて，そのような反応性になる理由について説明せよ．ただし，2-ブロモプロパンに対する $k_{rel}$ を 1 とする．

$$(CH_2)_n\ CH-Br \xrightarrow[\text{アセトン}]{KI} (CH_2)_n\ CH-I$$

| $n$ | $k_{rel}$ | 反応性 |
|---|---|---|
| 2 | 0.00001 | 小 |
| 3 | 0.008 | 小 |
| 4 | 1.6 | 大 |
| 5 | 0.01 | 中 |
| 6 | 1.0 | 大 |

## 10 演習問題と解答

**【演習 2.1】**

図 2.16 の 2 つのアルキル化(最下段の式)に関する，以下の問に答えよ．

**【2.1.1】** 最初のアルキル化で用いるクロリドには，エノラートと反応する 2 つの炭素($CH_2Cl$)があるが，図に示した化合物を選択的に生成する理由について考察せよ．

**【2.1.2】** 2 回目のアルキル化(分子内アルキル化)を行うと，図に示したスピロ化合物が単一の生成物として得られる．立体選択的に反応する理由について考察せよ．

**【演習 2.2】**

図 2.26 の中のレゾルビン E2 合成のイリド中間体を，下記の化合物を使って合成せよ．変換の途中，水酸基を保護する必要があるが，具体的な保護，脱保護について解答しなくてよい．

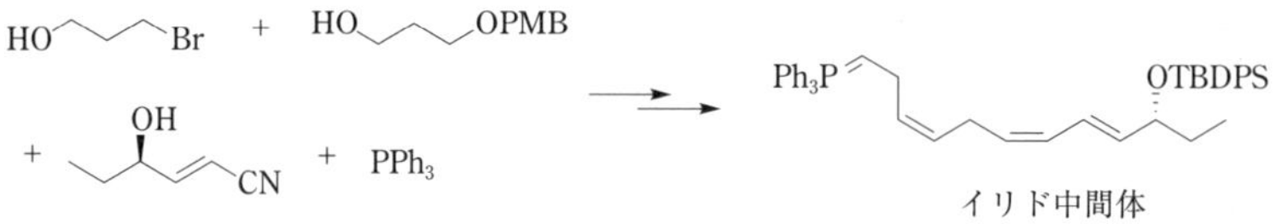

PMB($p$-MeOC$_6$H$_4$CH$_2$)：水酸基のエーテル保護基．DDQ を使って脱保護できる．
TBDPS($t$-BuPh$_2$Si)：水酸基のシリルエーテル保護基．Bu$_4$NF を使って脱保護できる．

**【演習 3.1】**

カルボン酸のヒドロキシル基の酸素は，カルボニル酸素より塩基性が弱い理由を，下のカルボン酸のプロトン化を示す式を用いて説明せよ．

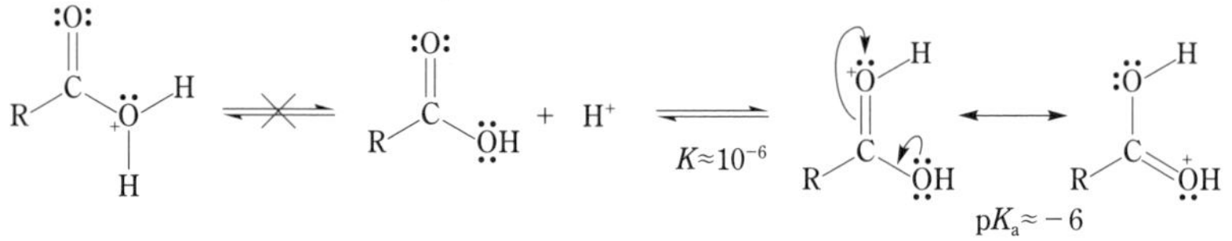

**【演習 3.2】**

アミド結合(ペプチド結合)を生成する方法について，3 種類の方法を反応式を用いて記述せよ．

## 演習問題

**【演習 4.1】**

$p$-アミノサリチル酸(2-hydroxy-4-aminobenzoic acid, PAS)は抗結核薬である．この化合物の合成法をできるだけ多く考案せよ．また，それらの優劣も考察せよ．

**【演習 4.2】**

共通の双環性化合物(A)を部分構造としてもつ塩酸オルプリノン(B：塩基部分のみ)と，酒石酸ゾルピデム(C：同)は，それぞれ強心薬と睡眠障害治療薬であり，下式のように合成される．

1) 双環性化合物(A)は，芳香族化合物かどうかを判定せよ．
2) それぞれの合成の一段階目の反応機構について説明せよ．

**【演習 5.1】**

ケトンの不斉還元反応において，$Re$ 面からのヒドリド攻撃により生成するアルコールの絶対配置を答えよ．

**【演習 5.2】**

化学試薬を用いる不斉還元反応で用いられる代表的な配位子を2つあげよ．

**【演習 6.1】**

RNAの3'末端のラベル化剤として，たとえば以下の化合物が利用されることがある．どのように反応させるか考察せよ．

## 【演習 6.2】

糖鎖の精製や定量分析する場合には，糖鎖を次に示す蛍光性化合物であるアミノピリジルと反応させる，ピリジルアミノ化修飾というラベル化が多用されるが，どのように標識されているか述べよ．

## 【演習 6.3】

下記に示す官能基フェニルアジドは，紫外光を照射するとニトレン構造を形成する．この化合物にタンパク質を結合させる方法を述べよ．

## 【演習 7.1】

次の反応の生成物 A〜G の構造を描け．また，3) の反応を例にとり，Saytzev 則と Hofmann 則について説明せよ．

1) (Br付き基質) + EtONa / E2 反応 → A

2) (Br付き基質) + EtONa / E2 反応 → B + C + D
   B: 最も安定な生成物
   C: 2番めに安定な生成物
   D: 最も不安定な生成物

3) (Br付き基質) + t-BuOK / E2 反応 → E ⇐ 主生成物のアルケン

4) (Cl付き基質) + EtONa → F ⇐ 主生成物のアルケン

5) (OH付き基質) + $H_2SO_4$, 加熱 → G ⇐ 主生成物のアルケン

## 【演習 7.2】

次の反応の反応機構と生成物 H 〜 J の構造を描け.

1) [CH₃-CO-CH₂-CH(OH)-CH₂CH₂CH₂CH₃] + KOH → H  カルボニル基と二重結合をともにもつ化合物

2) EtO-CO-CH₂-NH-CO-O-CH₂CH₂-C≡N + DBU → I  アミノ基をもつ化合物

3) Fmoc-NH-(CH₂)₅-CH(CH₃)-NH-C(O)-O-CH₂-Ph + DBU → J  アミノ基をもつ化合物

DBU：1,8-ジアザビシクロ[5.4.0]-7-ウンデセン

## 【演習 8.1】

カルボニル化合物はケト型とエノール型を形成することが知られているが, 単離同定されているエノール化合物として, 以下のフッ素系化合物が知られている. なぜフッ素系エノール化合物が単離可能なのかについて, フッ素化学の特徴から説明せよ.

$$CF_3-CO-CHF_2 \rightleftharpoons CF_3-C(OH)=CF_2$$

ケト型 ⇌ エノール型

## 【演習 8.2】

フルオロベンゼンから Grignard 試薬を作製することは, むずかしいことが知られている. 他のハロゲン化ベンゼンと比較して, なぜ困難であるのかについて説明せよ.

## 【演習 8.3】

図示した化合物は光学活性体として安定であり, ラセミ化が進行しないことが知られている. なぜラセミ化が進行しないのかについて説明せよ.

$$HO_2C-C(H)(F)-CO_2Me$$

## 【演習 9.1】

アルコール 1 を, ホスホロアミダイト試薬 2 で 1H-テトラゾールを酸触媒として亜リン酸トリエステル中間体 3 を経て, この中間体を酸化してアルコールのリン酸

エステル誘導体を得る反応で，第一段階と第二段階の反応の反応機構を示せ．

## 【演習 9.2】

BnOC(O)Cl は，アミノ酸のアミノ基の保護基であるベンジルオキシカルボニル(Z)基の導入試薬として知られ，ペプチド合成ではよく使われている．一方，ジベンジルホスホロクロリデート(BnO)$_2$P(O)Cl も似た構造で，リン酸化剤として汎用性に富んだ試薬にみえる．しかし，この試薬は，リン酸化反応でよく用いられるピリジンに溶かすと分解してしまう．この理由と，アルコールのリン酸化に用いる場合どのような注意が必要か考察せよ．

# 解　答

**【解答 1.1】**

　　形式的にヒドリドイオンの求核置換反応によるエポキシの開環反応で合成可能である．しかし，LiAlH$_4$ をヒドリド源として使うと，より立体的にすいている第二級炭素原子を攻撃し，[シクロヘキシル-OH] が生成してしまう．このような場合，ルイス酸共存下でヒドリド求核剤を作用させ，超共役安定化により第三級炭素原子の正電荷が安定化されるようにすると，第三級炭素原子選択的攻撃を行うことができる．ルイス酸にも安定なヒドリド求核剤としては，シアノ水素化ホウ素ナトリウム(NaB(CN)H$_3$)が有名である．

**【解答 1.2】**

　　まず，3員環と4員環の場合，反応性が小となる．これは I$^-$ が攻撃して遷移状態にいたる際に，反応中心の炭素原子が平面構造をとり，C-C-C 結合角 120° をとろうとするが，平面状の3員環と4員環の C-C-C 結合角は約 60° と 90° であり，かなりひずみがかかるため，反応性が低くなるためである（下図参照）．一方，5員環と7員環では反応性が大となる．これは，C-C-C 結合角 120° に近い角度をとることができ，しかも環構造がフレキシブルで自由に環フリップできるため，求核置換反応に伴う立体反転(Walden 反転という)が起こりやすいためである．6員環の C-C-C 結合角は，ほぼ 120° であるにもかかわらず反応性が中であるのは，環構造が安定で環フリップが起こりにくく，相対的に活性化エネルギーが大きくなるからである．

3員環の場合($n = 2$)

4員環の場合（$n=3$）

5員環の場合（$n=4$）

6員環の場合（$n=5$）

7員環の場合（$n=6$）

## 【解答 2.1.1】

アリル位に位置する $CH_2Cl$ の炭素原子は，エノラートとの求核置換反応の遷移状態において発生する $\delta+$ を二重結合と共役するため，エネルギーレベルが下がり，この炭素上で優先的に反応する．

## 【解答 2.1.2】

エノラートの下面で反応する場合と（次の図），上面で反応する場合が考えられる．後者の場合，Me 基の立体障害を受ける．したがって，下面で立体選択的に反応する．

## 【解答 2.2】

以下のような合成法が妥当である．D から E へは，PMB 基を脱保護し，水酸基をヨード基に変換している．標準的な変換法である．TBDPS 基はレゾルビン E2 合成の最終段階で Bu₄NF を用いて脱保護している．この反応条件は中性であり，化学的に不安定なレゾルビン E2 骨格を損うことなく脱保護できる．

## 【解答 3.1】

カルボキシル基のカルボニル酸素の孤立電子対はプロトン化される．これは，プロ

トン化により生じる正電荷が，式に示す共鳴構造により非局在化されて安定化されるからである．もう一方のヒドロキシル基がプロトン化された場合はこのような安定化効果を受けない．したがって，ヒドロキシル基の酸素は，カルボニル酸素より塩基性が弱い．このようなプロトン化の性質が，活性化されたカルボニルへの求核攻撃と関連し，本章のアミド(ペプチド)結合生成反応と関連している．

## 【解答 3.2】

活性エステル法，酸無水物法，アジド法，カルボジイミド法など本文参照．

## 【解答 4.1】

妥当な合成法については本文を参照されたい．合成法の優劣は，出発物質や試薬の価格，反応工程の長短や安全性，工程の収率や異性体比，製品の精製の難易，廃棄物など環境負荷の度合など，多くの要素を考慮しなければならない．

## 【解答 4.2】

1) 炭素と窒素原子上の不対電子 8 個と窒素原子上の孤立電子対電子 2 個の計 10 個が環状に共役しており，芳香族化合物である．

2) いずれもまずイミンが生成し，次にピリジンのアルキル化が進行すると考えられる．

## 【解答 5.1】

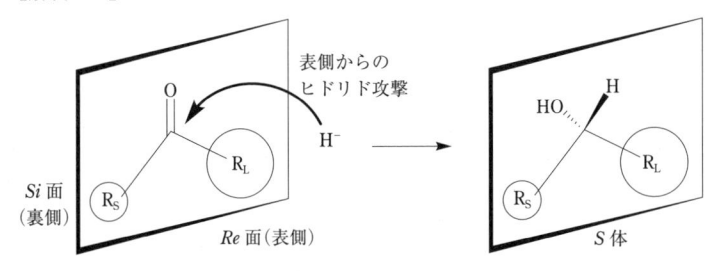

$R_S$：小さいほうの置換基（優先順位が低いほうの置換基）
$R_L$：大きいほうの置換基（優先順位が高いほうの置換基）

## 【解答 5.2】

BINAP(2,2'-bis(diphenylphosphino)-1,1'-binaphthyl, 左図), ならびに DET(diethyl tartarate, 右図)である.

## 【解答 6.1】

RNA の構造で隣接ジオールをもつのは, 3'末端のリボース環のみである. したがって, RNA を過ヨウ素酸ナトリウムで処理したあと標識化したアミンを反応させると, 3'末端だけを標識化することができる(次ページの反応式).

上記の反応は，さらにアミンが残ったアルデヒドと反応して，還元的アミノ化を起こし，環状の $N$-アミノモルホリン化合物をも与える．

## 【解答 6.2】

単糖，二糖，多糖は多くの場合，片側の末端糖は開環構造をとりうるので，還元性を示す．この糖は還元末端糖とよばれ，糖鎖1分子に1つである．糖鎖中のアルデヒドと蛍光性の2-アミノピリジンとのSchiff塩基による結合生成により，糖鎖1分子あたり1つの2-アミノピリジンで修飾することができる．Schiff塩基による結合は可逆的であるので，$NaBH_3CN$ などの還元剤で還元することにより，ラベル化を確実にすることができる．

## 【解答 6.3】

　光活性なアジド官能基を有する化合物は，タンパク質などのアミノ基含有化合物のリンカーとして利用されている．紫外光照射により形成したニトレン構造は，下記に示すように直接アミンによる挿入反応が進行するか，デヒドロアジペン中間体のように環拡張反応を経由して共有結合形成ができる．

## 【解答 7.1】

1) 
2) B　C　D
3) E
4) F
5) G

　Saytzev 則と Hofmann 則：脱離反応の結果，複数のアルケンが生成しうる反応では一般的に熱力学的に安定なアルケンがおもに生成する．これを Saytzev 則という．一方，E2 反応において立体的にかさ高い塩基を用いると，空間的に接近しやすい水素原子を引き抜くことが優先し，熱力学的に不安定な末端アルケンを主に主に生成する場合がある．これは Hofmann 則である．

　Hofmann 則に従う 3) の反応では，立体的にかさ高い t-BuOK が空間的に接近しやすいメチル基の水素原子を引き抜くことが優先し，熱力学的に不安定な末端アルケン

E をおもに生成する.

## 【解答 7.2】

1) [反応機構図: β-ヒドロキシケトンの塩基によるE1cb型脱水反応により α,β-不飽和ケトンを生成]

2) [反応機構図: DBU による Fmoc 型保護基(シアノエチル基)の脱保護機構。DBU がプロトンを引き抜き、アクリロニトリルが脱離してカルバメートアニオンを生じ、脱炭酸により I (エチル グリシナート, H$_2$N-CH$_2$-COOEt) を与える]

3) [反応機構図: DBU による Fmoc 基の脱保護機構。フルオレンの 9 位水素を DBU が引き抜き、ジベンゾフルベンとカルバメートアニオンを生成し、脱炭酸により H$_2$N-R (J) を与える]

R = [構造式: Cbz-保護されたアミノアルキル基]

## 【解答 8.1】

フッ素原子の孤立電子対と 2p 電子で形成されている二重結合の電子が反発することにより,酸素原子上の電子密度が高まるために,エノール型が安定化されるからである.

## 【解答 8.2】

炭素–ハロゲン結合の解離エネルギーを比較すると,他のハロゲン類と比較して炭素–フッ素結合解離エネルギーが非常に大きく,解離が困難であるからである.

## 【解答 8.3】

フッ素原子の孤立電子対と 2p 電子で形成されている二重結合の電子が反発するするため,平衡が光学活性体側に偏っているからである.

$$\text{HO}_2\text{C}-\overset{H}{\underset{F}{C}}-\text{CO}_2\text{Me} \longleftarrow \text{HO}_2\text{C}-\underset{\text{OH}}{\overset{F}{C}}=\text{OMe}$$

## 【解答 9.1】

1) 第一段階の反応　ホスホロアミダイト試薬 **2** の分子中，最も塩基性が高い窒素原子に，酸性プロトン($pK_a$ 4.2)をもつ $1H$-テトラゾールによってプロトン化が起こり，プロトン化されたジイソプロピルアミノ基が強い脱離基として働き，解離したテトラゾールのアニオンが，リン原子の後方から $S_N2$ による求核置換反応を起こし，中間体 **6** を与える．さらに，中間体 **6** のテトラゾリル基もアセトキシ基と同程度の脱離能をもつことから，アルコール **1** が再度 $S_N2$ による求核置換反応を起こし，亜リン酸トリエステル体 **3** を与える．

2) 第二段階の反応　周期律表をみると窒素の直下にリンがある．したがって，リン原子は窒素と似た電子的な挙動を示す．亜リン酸エステルのリン原子も，窒素のリン原子と同様に孤立電子対をもっており，この電子が分極したヨウ素分子の片方のヨウ素原子に求核攻撃し，反応が始まる．その結果，ホスホニウム塩 **7**(窒素のアンモニウム塩に相当)が生じるが，反応系に水とピリジンが存在しているため，$I^-$ は $OH^-$ に置き換わり，塩交換した新たなホスホニウム塩が反応中に存在することになる．このホスホニウム塩の $HO^-$ がリン原子に結合すると，5価の中間体 **9** が生じる．**8** と **9** は平衡として存在しうるが，**9** が次の図のように分解すると，リン酸トリエステル **4** を与える．

[解答 9.2]

(BnO)$_2$P(O)Cl **1** は，ピジジンに溶かすと，カルボン酸塩化物と同じように$N$-アシリニウム塩**2**ができる．この場合，もともとリン酸基の脱離能がカルボン酸と比較して大きいので，$N$-アシリニウム塩**2**は，塩化物イオンや溶媒のピリジンにより，ベンジル基のメチレン炭素が攻撃を受けやすくなっている．そのため，ピリジンに溶かしただけで分解が起こり，メタリン酸誘導体**3**が生じてしまう．この分解反応は，アルコールが存在しても早く進行してしまうため，リン酸化生成物が収率よく得ることができない．また，このメタリン酸誘導体は三量化しやすく，三量体はリン酸化能力に乏しいため，試薬としての活性が失われるのも，リン酸化反応が起こりにくい理由の1つである．

ピリジンのような求核性がある塩基でなく，ジイソプロピルエチルアミンのような立体障害が大きい塩基を用いると，アルコールとの反応が可能である．

# 参 考 書

[1]
- G. S. ツヴァイフェル, M. H. ナンツ（檜山爲次郎訳）, 最新有機合成法―設計と戦略, 化学同人（2009）
- N. S. Isaacs, *Physical Organic Chemistry*, 2nd. ed., Longman（1995）

[2]
- 演習で学ぶ有機反応機構-大学院入試から最先端まで, 化学同人（2005）
- *Organic Synthesis - The Disconnection Approachs*, 2nd. ed., Wiley（2008）
- 有機合成化学協会編, 天然物の全合成, 化学同人（2000 〜 2008）
- S. Warren, P. Wyatt, *Organic Synthesis Workbook*, Wiley-VCH（2000）
- S. Warren, P. Wyatt, *Organic Synthesis Workbook*, II, Wiley-VCH（2001）
- S. Warren, P. Wyatt, *Organic Synthesis Workbook*, III, Wiley-VCH（2007）

[3]
- 泉屋信夫ほか, ペプチド合成の基礎と実験, 丸善（1985）
- 矢島治明監修, 続医薬品の開発 14, ペプチド合成, 廣川書店（1991）
- E. Gross, J. Meienhoffer, *The Peptides*, vol. 4, Academic Press（1979）
- W. C. Chan, P. D. White, *Fmoc Solid Phase Peptide Synthesis*, Oxford University Press（2000）
- 高橋孝志ほか監訳, 固相合成ハンドブック, メルク株式会社（カタログ付録別冊）

[4]
- F. A. Carey, R. J. Sundberg, *Advanced Organic Chemistry*, 5th. ed., part A & B, Springer（2007）
- M. B. Smith, J. March, *March's Advanced Organic Chemistry*, 6th. ed., Wiley（2007）
- T. W. G. Solomons, C. B. Fryhle, *Organic Chemistry*, 8th. ed., Wiley（2004）

# 参 考 書

- J. McMurry, *Organic Chemistry*, 5th. ed., Brooks/Cole(2000)
- R. T. Morrison, R. N. Boyd, *Organic Chemistry*, 6th. ed., Prentice Hall(1997)

[5]

- 野依良治,柴崎正勝,鈴木啓介,玉尾皓平,中筋一弘,奈良坂紘一編,大学院講義有機化学,II(有機合成化学・生物有機化学),東京化学同人(1998)
- 井上将彦・柳日馨編,コンセプトで学ぶ有機化学,化学同人(2006)
- J. McMurry, T. Begley(長野哲雄監訳),マクマリー生化学反応機構—ケミカルバイオロジー理解のために,東京化学同人(2007)
- M. B. Smith, J. March, *March's Advanced Organic Chemistry, Reactions, Mechanisms, and Structure*, Wiley(2001)

[6]

- GT. Hermanson, *Bioconjugate Techniques*, 2nd. ed., Academic Press(2008)
- 前田瑞夫,栗原和枝,高原淳編,ソフトマター分子設計・キャラクタリゼーションから機能性材料まで,丸善(2009)

[7]

- J. Clayden, S. Warren, N. Greeves, P. Wothers(野依良治,柴崎正勝,奥山格,檜山為次郎訳),ウォーレン有機化学,上,下,東京化学同人(2003)
- P. G. M. Wutz, T. W. Green, *Greene's Protective Groups in Organic Synthesis*, Wiley-Interscience(2006)
- J. McMurry, T. Begley(長野哲雄監訳),マクマリー生化学反応機構—ケミカルバイオロジー理解のために—,東京化学同人(2007)

[8]

- 北爪智哉,石原孝,田口武夫,フッ素の化学,講談社(1993)
- フッ素化学第155委員会編,フッ素化学入門,三共出版(2004)
- T. Kitazume, T. Yamazaki, *Experimental Methods in Organic Fluorine Chemistry*, Kodansha and Gordon & Breach(1998)

[9]
- 関根光雄, リン酸化剤(日本化学会編, 第5版実験化学講座, 16巻), p.366～409, 丸善(2005)
- 関根光雄, 早川芳宏, ゲノムケミストリーを可能にする新技術, (関根光雄, 斎藤烈編, ゲノムケミストリー), p.1～21, 講談社(2003)
- 関根光雄, DNAの化学合成(生物薬科学実験講座―核酸), p.123～157. 廣川書店(2005)

# 索　引

## あ
アトロプ異性　69
アフィニティーラベル（TPCK による）　6
アミド（結合）　53
アルキル化　160
　　DNA の——　6
　　エノラートの——　35, 38, 45
アルドール反応　40
アンチ脱離　120

## い
イス型六員環遷移状態　37, 40
イソスター　152
位置選択性
　　エポキシ開環の——　29
　　ケトンの還元における——　92
　　ジエノラートのアルキル化における——　43
　　エノンへの 1,4-付加における——　45

## え・お
液晶　154
エノラート　35, 36, 44
塩基性（強塩基の）　77
オレフィンメタセシス　87

## か
かさ高い塩基　123
活性化エネルギー　11, 17
カルボカチオン　20
カルボン酸　53
環境化学　146
還元的アミノ化　113
環電流　69
官能基変換　30, 71

## き
求核剤　10, 15
アルキル——　26
ヒドリド——　25, 91
求核性　15
　　アルキル化剤の——　33, 35
　　アンモニアの——　27
求核付加反応　74, 89
求電子試薬　43, 73, 77
求電子置換反応　71
共鳴効果　21
極性転換　27
キレート化　33, 77
キレートリチウム（フッ素化合物の）　141

## く
クラウンエーテル　19, 51
グリコシド化　6
クリックケミストリー　116
グリニャール試薬　27, 76, 136

## け
蛍光標識　65, 117
結合エネルギー
　　C-F の——　153, 156
　　Si-F の——　131
結合解離エネルギー　9
　　C-F 結合の——　135

## こ
酵素　100, 102, 127
　　——阻害　152
　　加水分解——　106, 152
　　糖転移——　6
　　フッ素化——　148
固相合成　165
　　ペプチドの——　60

## さ・し
酸解離定数　13

索　　引

重水素効果　96

**す・せ・そ**
水素結合　140
水素添加反応　88
生成エネルギー　12
遷移状態　11, 17
速度論的分割反応　107

**た・ち**
脱プロトン化
　Fmocの──　129
　アセト酢酸エステルの──　36
　アルコールの酸化における──　96
　ジチアンの──　27
　芳香族化合物の──　77
　離脱反応における──　119
　ケトンの──　37, 42
脱離能　13, 122
超共役　20

**て**
デラセミ化　104
電気陰性度
　フッ素原子の──　135, 153
　リン原子の──　164
電子求引性(フッ化アルキルの)　137
電子の流れ　8

**ね**
熱力学的安定性(アルケンの)　119
熱力学的支配　42

**は・ひ**
反応エネルギー　11
反応性(芳香族化合物の)　74
非プロトン性溶媒　19

**ふ**
不斉合成
　還元反応における──　95

　酸化反応における──　98
不斉増幅　98
プロトン移動　38
分極率　14, 16
分子軌道　138

**へ・ほ**
ペプチド　53
ベンザイン　82
放線菌　148
補酵素　101

**め**
メタン細菌　147

**ゆ・よ**
誘起効果　22, 77
有機銅試薬　26, 45
溶媒和　16
　カルボカチオンの──　124

**ら**
ラジカル機構　9, 142
ラジカル反応　75, 82, 133
ラセミ化(アミノ酸の)　58

**り・れ**
律速段階　11, 97
立体異性体(芳香族化合物の)　69
立体障害　19
立体選択性　46
　アルドール反応の──　41
　エノラートのアルキル化における──　36, 39
　グリコシド化反応の──　23
　ケトンの還元における──　93
　酵素による還元反応の──　102
　脱離反応における──　120
　Michael反応の──　141
　Wittig反応における──　48
硫酸基　14

索 引

隣接基関与　23
レジスト材料　155

## 欧文

$\alpha$ 効果　18
Baeyer-Villiger 酸化　104
Birch 還元　88
Boc　60
Claisen 縮合　38
Claisen 転位　76, 90
Cram 則　46
Curtius 転移　57
DCC　34, 55, 57, 163
Dess-Martin 酸化　97
DIBAL　33
Diels-Alder 反応　82, 90
E1　119, 124
　　── cB　119, 126
E2　119
Felkin-Anh モデル　46
Fmoc　60, 128
Fürst-Plattener 則　29
Gabriel 合成　28, 112
Grignard 試薬　27, 76, 136
HOBt　59
Hofmann　13
　　──則　124
　　──脱離　115
　　──位　114
HSAB　25
ipso-攻撃　75
LDA　35, 37, 41, 77
Mannich 反応　115

Mitsunobu 反応　27
Pinnick 酸化　31
p$K_a$
　　アミドの──　39
　　カルボニル化合物の──　35
　　求核剤共役酸の──　15
　　強塩基共役酸の──　27
　　ケトンの──　38, 41
　　脱離基共役酸の──　13, 16
　　芳香族化合物の──　77
　　ホスホン酸の──　164
　　リン酸の──　157
p$K_{BH}$
　　強塩基共役酸の──　123
　　弱塩基の──　125
Prelog 則　145
$Re$　102
　　──面　150
Reppe 反応　85
Sandmeyer 反応　80
Saytzev　119
$Si$　102
　　──面　150
SN1　10, 11, 18, 22, 80
SN2　10, 11, 18, 22, 80, 148
S$_{RN}$1　81
Swern 酸化　31, 97
$t$-Boc　128
TCA 回路　150
van der Waals 半径
　　フッ素原子の──　135, 137, 156
Wittig 反応　48, 143

**191**

◆編者紹介◆

**湯浅 英哉**（ゆあさ ひでや）　理学博士

1986年東京工業大学理学部化学科卒業．1991年同大学院総合理工学研究科博士課程修了．
1994年東京工業大学大学院生命理工学研究科助手，助教授を経て，2010年同教授．
専門は，糖鎖工学，発光材料
主要図書：バイオ系のための基礎化学問題集（共編，講談社）

---

NDC　430　　204 p　　21 cm

## 生命理工系のための大学院基礎講座―有機化学

2011年　5月10日　第1刷発行

編　者　　湯浅　英哉（ゆあさ ひでや）
発　行　　東京工業大学出版会
発　売　　工学図書株式会社
　　　　　〒113-0021　東京都文京区本駒込1-25-32
　　　　　電話（03）3946-8591
　　　　　FAX（03）3946-8593
印刷所　　株式会社双文社印刷

©Hideya Yuasa, 2011 Printed in Japan　　　　　ISBN978-4-7692-0493-0

# シリーズ「バイオ研究のフロンティア」

## 1. 環境とバイオ

田中信夫／編

A5版　148p　定価　2,520円（税込み）

「環境」をキーワードに、細分化されたテーマ「生命」の統合をめざす。東京工業大学・生命理工学の最先端で活躍する研究者による、ホットな話題のやさしい解説。

環境と生命のふれあいを紹介。生命を作る「部品」、進化と環境、環境と適応、環境と健康、生物の利用など、生命理工学最前線をやさしく解説。

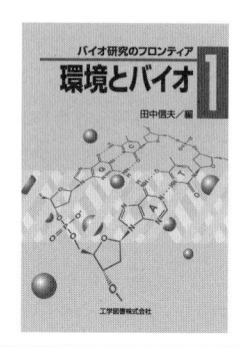

## 2. 酵素・タンパク質をはかる・とらえる・利用する

岡畑恵雄・三原久和／編

A5版　188p　定価　2,835円（税込み）

酵素・タンパク質の構造・機能・特性を、最先端の計測・捕捉技術を用いて解析。さらに、それらの最新の利用・操作についても紹介。学部上級・大学院生に向け、やさしく解説。

生命時空間ネットワークにおける、生体分子群の解析技術の向上をめざし、東京工業大学・生命理工学研究科を中心とする17名の執筆者が、第一線の研究を紹介！

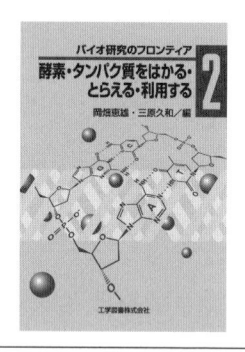

## 3. 医療・診断をめざす先端バイオテクノロジー

関根光雄／編

A5版　186p　定価　2,940円（税込み）

医療に役だつ生体分子検出技術、細胞・生体分子の機能解明と活用、さらに生体機能分子創出における有機化学的アプローチ、などの視点から、最先端のテーマを大学院・学部上級生に向け、やさしく解説。

医療・診断に結びつく最先端のバイオテクノロジーについて、東京工業大学・生命理工学研究科ならびに東京医科歯科大学を中心とする29名の執筆者が、最新の研究成果を紹介！

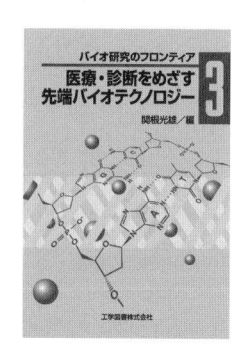

工学図書株式会社